U0359077

地方志災異資料叢刊

第二編

18

于春媚　賈貴榮　編

國家圖書館出版社

第十八冊目録

【康熙】新修壽昌縣志

（清）曾華蓋修 （清）張可元等纂

清康熙二十二年（1683）刻本

雜志

一邑之事以類志焉亦備矣其他罕見異聞無可附者别爲雜志葢記異傳疑亦史氏法也豈徒以充怪談滋民惑耶矣志雜志

嘉靖十八年己亥夏六月大水

癸丑山水泛溢邑人溺死者二百餘鄉市房屋傾
圮者不可勝計時郡治同水瀰沒城堞
庚子夏蝗
辛丑蝗自北蔽天南飛所過田禾盡食
甲辰大饑
秋七月風雹
夏大颶風禾稼俱壞
乙巳大饑
丙午大饑
連三歲饑民掘草根食之有司盡發倉廩以

庚申六月不雨

辛酉夏大水

六月大水者三壞民居田禾餘月陰雨不息

癸[illegible]後夏大水

衝入城[illegible]市幾沒江河泛溢民居甚艱降制之

災莫甚於此

國朝

順治己亥秋大旱

庚子夏蝗

辛丑秋大旱

康熙辛亥秋大旱

自夏徂秋三月不雨兼以青蝗交蝕遍地盡赤知縣羅在位不遑旰食單騎履畝勘荒力爲詳請蒙本府梁核實轉詳　司道

督撫合題幸邀

上恩蠲免正賦十分之三民賴生全

康熙拾叁年春閩氛倡亂直偪金衢壽邑與衢接壤山寇竊發六月廿九日蜂擁圍城知縣羅在位兵寡不敵帶印出城從間道至府請兵勦復掌學

事訓導張熙以失印去官康熙十七年教諭張可
元申詳請印于十八年四月部頒印記到學
康熙二十一年五月初霪雨兼旬山水橫流入市
四鄉禾苗盡遭漂沒知縣張文逵申詳請蠲在案
康熙二十二年春霪雨連月二麥黃爛米價騰貴
哀嗷遍野知縣曾　目擊災傷傳集紳衿士民
于城隍廟諭以平糴糶通有無隨具文詳請蠲賑
仍多方軫恤民心稍定
或問壽昌吳地也自太伯奔荆蠻號勾吳今吳越
間非荆地也何謂荆而又稱蠻按正義云太伯奔

吳所居城在蘇州北五十里無錫界梅里村其城及塚見存而云奔荆蠻者楚滅越其地屬楚秦滅楚其地屬秦秦諱楚改曰荆故通號吳越之地爲荆及北人書史加云蠻理固然也若吳而曰勾吳亦有說焉淮南子曰吳人語音言吳而加以勾猶北人言越而曰於越

唐志永昌元年析雉山置壽昌縣郡志云文明元年巳改雉山爲新安按新安如人稱嚴州爲睦州亦即其舊名而稱之然則云析雉山不爲悞也況雉山山名在新安之西南正近壽昌者乎

或謂舊志併郡志俱云秦屬鄣會稽兩郡予獨云屬會稽者何據曰郡志曰屬兩郡指一郡之地而言也蓋秦以天下爲三十六郡鄣與會稽居其二其理揚州之境於時新定未有所分自孫權爲郡後以吳郡餘杭之屬來隸是新定正在鄣與會稽之間漢興高祖十二年更名會稽爲吳郡武帝元封二年更名鄣郡爲丹陽漢志吳郡領富春縣丹陽郡領歙縣今建德桐廬壽昌分水皆漢富春之地淳遂皆漢歙縣之地然則壽昌本漢富春富春屬吳郡吳郡本會稽也屬會稽不屬鄣郡明矣

舊志於祠廟山岩多爲異說如高湖岩下云黃巢之亂士人皆遷其上作大草屨磨穿其底擲於道傍賊至見一長人足與屨等立山嶺賊駭而退按唐紀中和元年巢陷睦州訛傳地名黃饒爲巢所饒傳燈錄乃謂釋道明織大草屨置三十里外巢見之不入城蓋學佛者欲神其術故飾具誕說鄭或作志復拾其緒移用高湖岩而附會一長人其他異說可類辨矣

元至正十三年四月衢賊華明華貴葉孚五反屢犯縣界知縣劉慶蕃不能支鎮守孫招討遣杜同

知榮任執印祚往戍賊前鋒卒入縣杜任以騎軍截其陣擊敗之而縣亦爲賊所焚至六月二十五日賊以三萬人入縣直犯建德之白沙渡晙都遣孫權府孫千戶繼文杜同知大猷逐北至衢之白馬洞焚其巢穴而還按是年爲丙子壽昌縣治燬于丙子即是賊燬之也曰方臘曰黃巢者非右辨疑

唐李頻爲睦州刺史民爲立生祠於梨山後卒于其地靈異顯赫歷宋元累封至靈忠惠孚應祐德王其柩歸壽昌時冊旐飛空前導週晚則自掛樹梢今梨山廟靈應如故

嘉靖癸卯宜陽吳公珊由舉人爲壽昌教諭其人能詩有逸思嘗無事學乩仙一日召乩書謫仙到公詩書李白平日所作詩久之書云吾非謫仙也詰之曰吾文物精問何物爲精曰朝冠匣問在何處曰文廟東云

嘉靖辛酉吳御承邑侯委修縣志乃記三年前夢至鄉賢祠見翁公洮語之曰予當爲我作隱逸傳今錄諸公傳乃悟昔夢之異及御將各傳仍郡志分列畢夜忽夢郭公顧曰予乃郭顧往年唐子以文藝居我非我志也後詳稽本末乃知公爲東萊

先生高第郡志入文藝秉筆者唐珪也遂為更儒林焉志成姑志其異於此

國朝

康熙辛亥旱魃為虐四境泉源俱涸獨仙池巖滃溢自如任僧海彬藝田數十畝不煩桔槔闔邑顆粒無收海彬穪載倍常且其餘潤波及環山數里皆得有秋誠異事也　右記異

陳焕、潘紹雋修　李飪、陳舉愷纂

【民國】壽昌縣志

民國十九年（1930）金華大同印務局鉛印本

祥異 瀏郵附

宋

紹興間嚴州大水壽昌縣有一小山高八九丈隨水漂至五里外而四旁草木廬舍比水退皆不壞則此山殆空行而過也 見宋陸放翁老學庵筆記

明

嘉靖十八年己亥山水泛溢人多溺死城鄉房屋漂沒者不可勝計庚子夏蝗甲辰乙巳丙午三歲連饑民掘草根以爲食 舊志

萬歷三十九年歲豐麥有兩岐粟有兩穗知縣周幹採獻 見

金華大同印務局代印

府志

崇禎十三年庚辰孟夏霪雨水溢入城淹沒民居甚衆二麥無收仲夏大疫參錄府舊二志

清

順治十七年蝗害稼次年秋大旱見府志

康熙十年辛亥旱舊志

雍正元二三年大豐自八九年至十三年按府志係十一年俱豐

乾隆元年丙辰至十一年丙寅歲俱大熟見府志

乾隆十二年丁卯西北鄉南山洪發水流入縣城縣市會通橋及西鄉大同永平橋皆衝塌廬舍間有漂沒旋蒙賑恤

并修建兩橋辛未夏秋偏災獨賑並施民間含哺鼓腹若

不知有災者舊志

乾隆十六年辛未歷夏秋不雨禾苗枯槁南鄉較甚嗣蒙賑給帑金米石計口撫卹並設法平糶凡城市鄉坊各設米廠地方安堵百姓樂業參錄府舊二志

道光十五年夏旱成災

咸豐二年夏四月　日午夜忽然地動人不自由致有已睡而自牀傾覆者廚房覆碗琺琅有聲塘水皆翻湧移時始平

咸豐八年二月初四日未時八都一[illegible]家鎮石橋前坂忽陷

金[illegible]大[illegible]印務局代印

一穴廣丈許深不可測中有水噴出清濁互見同年三月十二日未時離一里許夏家村邑增生夏謨家住屋正間房內地亦陷深三丈餘土壤俱陷人甚異之

光緒元年夏大旱勞村田野因旱成災計週圍五六里

光緒四年夏四月大雨十日山水泛濫平地水深三尺鄉間廬舍田地多有漂沒者一切損壞冲塌無存曾蒙撥給賑濟銀洋壹千元

同年五月連朝霪雨水勢暴發橋梁路道多被冲坍沿溪田禾冲淤不少

光緒五年旱災奉准於六年份地丁每兩蠲免銀洋壹角五

分同年七月大水勞村之後坂界郎昏百場汲湖邊坂等處共約田壹千餘畝均被冲沒沿溪水碓民房亦成澤國

光緒二十一年二月十八日三都二等處雨雹大如雞卵油菜麥無收屋瓦多破碎

光緒二十四年五月初十日仁都一岳家庄一帶暴雨如注民房田畝半被漂沒按岳家庄徙居十數代傍山而居向無水患至是人皆以爲出蛟縣令張培芳詣勘申詳撫䘏民賴以安

光緒二十五年七月秋後十日霪雨連旬各處田稻盡皆發芽青嫩如秧不但偃仆者爲然卽竪而未仆者亦芽長一

二寸年歉收

光緒二十七年五月五日大雨連旬洪水暴漲直至十五日雨勢不止波濤泛濫漂去溪邊田無數冲沒堨壩殆盡民間房屋多有浸塌者溪口城山坂自萬福寺後塌開四十餘丈計闊尺許如刀裂開六月初三日辰巳時大雨傾盆霎時洪水陡發平地水深六七尺民間房屋多在水中淹沒者不可勝計牛羊犬豕亦多漂去幸申酉時水勢即退否則沿溪一帶皆成澤國同年五月初十日城中水漲五六尺東鄉更樓鎮因新安江水湧入幾與街窗相埒高約丈餘損失甚鉅同年六月初三日未刻三都二常樂庄一

帶雨未甚大而水暴漲爲從前所未見先期近地謠傳獅子巖六月初三日出龍聞者多未之信至是果驗後見月嶺內山多崩陷龍轄廻源山亦然其水一齊湧至田禾多被漂沒

光緒三十年六月二十五日午時山洪暴發災被西華全區惟周村最烈屋宇冲坍不知其數男婦老幼隨波逐浪葬於魚腹者共計十一口橋梁冲毀頗多城西宋公橋石虹亦被冲圮曾由聶撫飭司發給賑撫銀壹千兩

光緒三十四年北鄉周村等處水災塌堤冲塌城西宋公橋橋墩亦被冲圮曾由馮撫飭司撥給洋壹千元以充修砌

金華大同印務局代印

壩堤之用

中華民國三年六月夏正閏五月不雨八月始雨田禾枯槁被災區域以西鄉爲最南鄉次之東北兩鄉城區又次之其時經省道各委會同縣知事履勘計災田二萬三千五百一十三畝六分四厘二毛請准蠲免田賦銀三千一百一十兩另五錢二分六厘歉田二萬二千三百六十四畝六分三厘准緩徵田賦銀二千九百五十八兩五錢二分七厘翌年春復由縣知事會同紳商籌設公糶局民食不至恐慌

民國六年一月二十四日(夏正正月初三日)上午八時十

六分四秒至八時十八分十秒地震當時竹竿有斜傾者

民國七年二月十三日（夏正正月初三日）下午二時十五分二秒至二時十五分六秒地震懸壁字畫微有移動

民國八年五月間八都一夏家村下溪沿忽陷一穴方圓約十餘丈穴水溶溶深不可測

民國八年八月初九日傍晚八都一夏家村前山巖高聳忽崩裂無算聲如雷轟石大無比

民國十一年洪水成災勞村西門要道冲塌百有餘丈沿溪一帶田園廬舍崩決甚多其要道旋由劉培源劉維新李培英等先後勸募修復

金華大同印務局代印

民國十三年五月二十五日上午大雨傾盆蛟洪暴發水溢入城深七八尺西門街道以簰渡人逃避民房市廛大半淹沒南門外公立公衆運動場全被衝去東南角民房及沿溪一帶田地亦多遭冲沒傍午水即漸退

【順治】新修淳安縣志

（清）張一魁修　（清）謝鼎元等纂

清順治十五年（1658）刻本

紀興附

宋制進士先進謝恩詩上有賜詩復和之以進方逢辰中淳祐十年狀元　理宗賜聞喜宴詩蛟峰集不載和韻何也攷粵東志咸淳辛未御賜香山狀元張鎮孫詩鎮孫依韻恭和刻石廣州學

仙釋幻說附會荒唐若方仙翁備飲鴆而卒兄儕爲刺史弟儼爲都督俱爲張林讒五月五日引刀自刎兩血相濺高二丈許湖水變赤故名血湖今湖已成田在永平鄉場東後人皆傳爲仙去若天樂觀徐道士尸解詩甚俚俗尹山僧琉璃瓶頂骨葉道士遺履錢九五召雷書蘿僧火化皆誕謬不經雖登府志不敢爲異端樹幟

宋元嘉二十年白熊見于新安守臣到元度獻于朝一云元慶諫

吳永安五年黃龍見于靈峊山詳山志

宋洪揚祖泛湖遇鬼相與語曰世間如我者甚多特人不識耳世事可知後此爲血池云云此文人筆妖墨

魑託以罵世以醒世俗子不察信爲實狀其甥黄宗仁爲洪撰墓志但云遇異人得之矣

元大德四年秋瑞粟生方逢振序周遇聖徐孟高有詩

附　周遇聖詩

淳居萬山嶺土瘠稀良田豐歉繫飢飽民命懸于天人憂庚子歉我見爲豐年蚕登百穀熟箱萬倉盈千異哉粟四穗一幹生南阡豈無連理木亦有雙華蓮維兹孕瑞粟庶補氏艱鮮嘉生本協氣此事非偶然竊聞野老説守令仁且賢官清簡案牘刑省空扉圜農耕士力學工肆商充廛午雞桑樹鳴夜犬花村眠君不見漁陽歌秀麥善政清史

編又不見中牟青嘉禾德化今古傳猗與際聖代奇瑞蔡
珠貝頌言叫閶闔入奏冕旒前　　徐孟高詩
協氣嘉生百穀斯茂彼蓮而雙彼芝而九秖說吾目莫參
我田維糜維芑厥瑞非偶猗與令尹愷悌父母樹我良苗
薙彼穰莠吏肅而栗秋霜貿貿民恬以喜春風颸颸乃召
大和雨不愆候迺有秋穰瑞粟何富或四其穎或二而耦
我行其野黃童白叟曰昔庚子均一宇宙昔朔而飢今胡
而否繄尹之德定天之佑令尹不有歸之太守張君爲政
兩岐麥秀太守不有歸之我后周有嘉禾同穎異畝明明
我后夔龍左右百揆之會天錫萬壽詩

明嘉靖五年民間雞卵抱出皆化爲蝘蜓

嘉靖十八年大水洪濤中有物如牛乘浪出沒頭角崢嶸人以爲龍抽樵曰非也攷雞與蛇交遺卵入地千年變而爲蛟起海爲龍所食故滄海志有蛟龍相鬬

嘉靖間府志載旱蝗害稼大饑斗米一錢二分餓殍相枕嗟夫此近日有秋本價也順治乙未初夏苦潦荳麥與波澌逝夏秋間又旱焦死禾稼季秋霜殃早降穀粟三荒濟至幸張侯運秔米賑濟價不甚騰前是有斗米貴至五錢者窮民何以聊生也今幸歲有秋

萬曆甲申鹿鳴書院產靈芝 蕭侯元岡扁堂曰久瑞

【光緒】淳安縣志

(清)劉世寧原本　(清)李詩續修　(清)陳中元、竺士彦續纂

清光緒十年(1884)刻本

雜據志

祥異

和氣致祥無和氣以致則非祥乖氣致異無乖氣以致則非異天難諶命不易也故春秋書異初不言事應至劉向五行傳出乃分五事而爲之說頗多穿穴矣然徑省於祥而羅纏於異則猶鬧之足以戒之義也

聖朝生祥產瑞無休期而槩不受賀遇小災異則蠲䘏頻仍清雖蕞爾邑陰雨之膏獲

賜後矣轉災爲祥敢志

敬天勤民至意耶志祥異

三國

永安五年黄龍見於靈巖山

南北朝

元嘉二十年白熊見於新安守臣劉公元度以獻

宋

嘉定三年五月大雨水圮田廬市郭百種皆腐

嘉定六年六月丙子地震

元

大德四年秋瑞粟生

方逢振　瑞粟圖序

青溪之近郊有粟一莖而兩穗者三四穗者民若王合詞以慶於長官學正官大用率諸生以其圖來俾予敘其歲月予曰異哉邑之嘉瑞也張君爲政麥穗兩岐載在簡冊釐史者譏之而已未得於目擊今粟穗兩岐秀出於粟當年盛業復見於茲得非善政感召而然與民曰績我大命尉尹之休士曰大和尹實有之尹不自有歸之太守太守曰於戲非守若尹之力聖君賢相之德于闐之喜於是乎書以備觀風使者之采錄[illegible]屬還聖詩濱居萬山顛土瘠稀良田豐歉繫飢飽[illegible]命懸於天異哉粟四[illegible]一幹生南阡豈無連理木亦有異華連維茲孕瑞粟麼穗民艱鮮嘉生本協氣[illegible]事非偶然竊聞野老說守令仁且賢官清簡案牘刑省空扉圄農耕士力學工肆商充廛午雞桑樹鳴吠犬花村眠君不見漁陽歌秀麥善政青史羅又不見中牟書嘉禾德化今古傳猗與際聖代奇瑞蘂珠貞願言叫閶闔入奏冕旒前徐孟高詩協氣嘉生百穀斯茂彼蓮而雙彼芝而九祇悅吾目莫豢我口維穈維芑厥瑞非偶猶與令尹愷悌父母樹我良苗薿彼穟秀吏肅而栗秋霜貿貿民恬以嬉

春風颼颼乃名大和雨不愆候廼有秋穰瑞粟何富
或四其穎或二而耦我行其野黃童白叟曰昔庚子
均一宇宙昔胡而飢今胡而否繄尹之德宜天之佑
令尹不有歸之太守張君爲政兩岐麥秀太守不有
歸之我后周有嘉禾同穎異畝明明
我后嬰龍左右百嘉之會天錫萬壽

明

成化十年春多雨蚕麥無收

嘉靖五年縣民項狗家雞卵十數抱出皆化爲蝘蜓

嘉靖十三年大水壞居民廬舍

嘉靖十八年大水漂沒田產洪濤中有物如牛乘浪出
八人以爲龍

嘉靖三十年二月初八日大風飄瓦如葉舟覆沒不可

勝筭

嘉靖三十七年春民間訛言黑眚至皆惶惑鳴鑼達旦匝月始罷　是年閏七月雨雹

嘉靖三十九年春大饑斗米二錢二分餓殍相枕藉

萬歷甲申鹿鳴書院產靈芝邑令蕭公元岡匾其堂曰人瑞

萬歷三十九年大有春麥

國朝

順治已丑初夏久雨淹爛豆麥夏秋間又亢旱田禾焦死秋霜早降殺粟三災薦至斗米價至五錢

順治十八年大水漂没田廬無算

康熙七年地震生白毛

康熙九年縣署産靈芝（王與禹瑞芝賦逢景運之熙洽蔚嘉瑞之駢臻分餞輸之清光托別騶於嚴陵維姑洗之應律暫民社其予膺冰清漣而漂碧山委宛而嶙嶒欹秀兩岐之穗谷秠萬歲之藤曝三辰之式序膺千耦其倍登是皆聖熙之協應實由

帶德之遐慙臣之公署有亭數間堪吹毫以琢句時往務而看山步撫陰之閒曠攬異卉兮斑斕似仙掌之仰承抑洛女之盤鬟若乃亦紫亦黃方符方蓀幹亭亭以仍發色鮮鮮其美好儷紫桂其失芳覺丹瓊之非寶在漢記爲芝之英實萬年之神草稽圖披牒有道斯生擘甘泉之連葉抱神雀之九莖肆珊瑚之光耀希雩咳之紫英兹之所見洵遺黍紫纍纍兮如纈燦燦兮上擧非楚騷之三秀煌人瑞之五瑛或言有雲翱其上或以爲瑞光之精見則當王者之聖瑞而非近代之凡顧臣也與分斗剌翅代山城恍化行於三月

夢簫韶之九成羨景禧之咸萃答繁祉
於隆平安得沈鄭之禄達瑞卉於承明

康熙十年旱蝗傷禾民掘草根山石至落塡衢路虎入
城

康熙二十一年五月洪水没郡城滷田成溪者約四頃
有餘秋大蝗禾無收康熙二十二年饑民日數千口
就食官粥

康熙二十三年正二月連雨傷麥

康熙二十六年大旱

康熙三十年縣東南大蝗

康熙三十七年冬雪四十餘日溪不冰者一綫老樹多

僵死

雍正八年十月地震門鐶自响

乾隆四年六月十五亥刻月食既忽下五色祥雲至天半金光四散

乾隆五年牛大疫委死牛溪中無敢飲溪水者魚鰻皆不可食（成廷楫牛疫行農家視牛如子孫耕鋤負載能酬恩一家八口咸托命芻秣惟謹羃趍奔朝携黃犢卧沙岸暮跨牧童歸烟村牢欄汛掃晚復寢驚夢無患安晨昏天災流行俄降沴浙東三郡牛盡斃牛醫無藥持其危顛躋須臾橫草際舉室悲號似所親棄之水中不勝瘞澄江穢濁流腥臊蠅蚋匾蚊爭嘬嚙田疇荒蕪生荆棘人代牛勞日餬飼手足胼胝汗流漿人力焉能比牛力窮日唯開尋丈田原隰如何德力穡縱教十雨并五風播種無由仍艱食仰嘆天心胡不仁弗爲雞豚殺牲犧星精下降豈無

意欲蠱沴癘殘吾民訛言日至真莫憑云是百穴蓋
所徵雖然上界足官府必奪農具將何懲今歲秋禾
雖已登明年東作誰為與我徵
呼龍來下助鞭霆驚雨犁田塍

乾隆八年十二月連數夜彗星出西方白光如帚者數十丈識者以為水氛

乾隆九年六月廿九立秋大雷雨連至七月初五日江濤怒漲城市漂沒所不浸者唯縣治學宮及城隍廟男婦騎屋危號呼者聲相聞縣令劉公希洙急出庫銀募舟子繞屋救之日不暇給江南北岸并各鄉村落共壞民居萬餘間田二頃八畝有奇地三頃三十畝有奇計淹死有名姓者三百六十八人餘不可計

數大吏飛檄糧儲道程公光鉅齋帑金賑之而撫軍
常公臨勘得實狀連章上請奉
恩旨蠲賑並施至次年秋成乃止
乾隆十二年五月東南鄉大水漂壞田舍淹死男婦十
餘口被
旨蠲賑　是年十月南門城樓火延燒三十餘家
乾隆十六年自夏至冬不雨川竭苗枯草根樹皮掊剝
幾盡或掘觀音粉雜糠粃食之又致澀脹以斃撫軍
永公臧從騎親至邑慰諭請
旨蠲賑

（清）劉從龍、方象璜、方象瑛纂修　（清）劉閎儒、毛昇芳等續修

【康熙】遂安縣志

清康熙十二年（1637）刻二十四年（1685）增修本

灾異

太白經天　明萬曆戊午　崇禎己巳

欃槍見　明崇禎壬午十一月　國朝康熙庚申十一月星出白光如匹練著天

大雷震電　國朝順治乙未冬至後三日　己亥十二月十三日震柏山庵亭

雨雹　國朝康熙壬子三月八日　戊午七月九日

虹霓見　國朝順治乙未小雪前三日

隕霜殺菽粟　唐證聖元年六月殺草　國朝順治乙未九月霜降前三日

雨黑沙　國朝順治戊戌六月

雨土霾　明崇禎癸未行人衣皆黄

大雪　明崇禎庚辰正月　國朝順治甲午十一月水堅厚至正月不解橋木俱枯　丙申正月連

旬積二三尺折木壞屋山獸出求食人爭捕之鳥
墜不能飛 康熙庚戌十二月 丙辰十二月
大旱 國朝順治丙戌穀收十之九 乙未四月至七
月不雨 康熙辛亥螟螣食稼穀收十之七民
間食草根 有司以聞蒙
恩蠲卹有差 康熙庚申秋螟食禾稼
麥無秋 國朝順治丁亥斗米五錢 康熙癸亥霖雨
三月發黃丹稈穗俱盡
地震 國朝康熙戊申六月十七日戌時微動無傷
大水漂田廬 唐長慶四年 元天曆元年八月 明
天順丙子 嘉靖己亥六月 辛酉五
月 天啓甲子五月 崇禎戊寅五月
國朝康熙甲寅五月三日 壬戌五月六日霪雨連
綿至十七日未刻山水驟漲縣治前水深五尺歷
市村落可通舟楫豆苗禾稻及臨河廬舍漂沒幾
盡權厝棺柩蕩失以千計踏戶橋九門圮三門威
山橋七門全圮隄堰洲激累朝營建悉多衝蕩奇
災異變眞數百年所未有事聞下
詔蠲卹

大風拔木　唐神龍元年三月乙酉暴寒且冰　明嘉靖辛亥二月八日　天啓五年三月　國朝康熙乙巳六月

大饑　明萬曆戊子米價騰湧　國朝康熙癸亥草根食盡民多鬻傭他境　明崇禎十三年殭屍塞路　國朝順治丁亥

大疫　康熙乙卯丙辰丁巳延綿三載棺具湧貴多藁葬

牛疫　國朝順治戊戌疫棄諸河十存一二人代以耕

猪生犺形如獅象　明嘉靖戊午見鄭谷民家　崇禎癸未見三都民家

羅伯麓、周樹美修　姚桓、洪夢雲等纂

【民國】遂安縣志

民國十九年（1930）鉛印本

休祥

宋

寶祐五年夏蓮生並頭　知縣趙必珍記

元

至正五年產並頭蓮　縣尉察罕彥照記

明

嘉靖十七年縣治西北二里許汪姓同居楓梓產連理枝

二十七年縣東烏石塘產並頭蓮　邑人陸應龍記

三十七年邑西象山之陽產靈芝

萬歷三十一年修文廟方成靈芝生　是歲秋闈舉二人皆登第訓導方應徵記

清

康熙二年儒學泮池產並頭蓮

十三年十七都南洲產並頭蓮　知縣萬爲恪有詩

四十九年修孔廟大成殿瓦上結靈芝數莖　輪囷離奇如黃如紫觀者異之知縣陳學孔記

五十四年十六都初龍方氏祖塋產連理枝

雍正六年儒學文林湖產並開蓮

乾隆十五年縣署燕閒產靈芝　知縣吳培源有縣治芝瑞記新採訪

災異

梁

承聖元年六月隕霜殺菽粟舊志作齊承聖元年案歷代編承聖年號今改光緒府志

唐

神龍元年三月暴寒且冰

長慶四年大水

元

天曆元年八月大水

明

景泰七年嵩靖十八年均有水災舊志作天順丙子嘉天順無丙子今依光緒府志正

嘉靖十九年鄉民鄒谷家豕生一物如象如獅據光緒府志補

三十年二月大風拔木

三十七年訛言黑眚至縣民懼恐鳴鑼達旦匝月而罷據光緒府志補

四十年五月大水

萬歷十六年歲大飢

十七年己丑大旱據光緒府志補

天啓四年五月大水

五年三月大風拔木

崇禎十一年五月大水

十三年孟夏霪雨彌月二麥無秋仲夏大疫據光緒府志補

十五年大疫殭尸塞路

十六年雨土蔽行人簑衣皆黃

清

順治三年大旱

四年夏麥無秋米斗五錢是年大疫

十二年四月至七月不雨冬至後三日大雷震電小寒前三日虹霓見十二月十三日大雷柏山菴亭震

十五年六月雨黑沙是年牛疫

康熙七年六月十七日戌時地震

十年螟食稼殺亡有司以斷袋懇蠲恤

十一年二月八日雨雹

十三年五月三日大水漂田廬

十四年大疫延綿三載

十七年七月九日雨雹

十九年螟食禾

二十一年大水　五月六日霪雨連綿至十七日未刻始開蛟山水驟漲縣治前水深五尺廬舍壞多衝蕩事聞下詔蠲卹

二十二年歲大飢

四十二年五月八日霪雨水溢　十一都毛家村下邵洪村等處沖去房屋田地淹沒人口勘實上聞得旨蠲賑

五十三年大水　五月十五十六等日晝夜大雨山水驟發田禾淹沒事聞奉旨蠲賑

乾隆九年七月大水　霪雨至六晝夜原谷水盡汎濫闔邑被災奉旨蠲恤

十年牛疫

十二年五月十七日大水　山洪驟發浩瀚衝決災如甲子按甲子即乾隆九年有司以聞發恩賑賚

十四年三月二十日雨雹大者如斗

十六年大旱　自四月至八月川流幾竭居民汲水多在數里外田禾盡稿歲無西成入九月間人食土泥茹蕨根度日帝聞蠲免賑卹恩澤頻加故米價雖貴斗至四錢民卒賴以全活以上舊志

嘉慶十六年夏大水　霪雨兼旬山洪暴發南河兩岸積尸相枕藉廬舍漂搖及近河田地多被衝蕩

十九年大旱

二十一年大水

二十五年大旱

道光五年大旱

八年大水沖塌田廬橋堰歲大祲

二十六年大旱

咸豐二年七月有星大如斗尾附小星自東南至北落其聲如雷

四年大旱　亢旱數月出禾盡稿人民掘蕨根充食城中分設五粥廠賑活多人

六年彗星見西北方光如綫逶延數丈

十年三月彗星見

同治二年三月苦雨連旬麥皆生耳秋又大旱有狹自合嶺頂聯晴女見鉛香救超餘

光緒四年大水漂田廬

十七年夏四月雨雹　二十四年二十五年旱

民國

三年四月至七月不雨田禾無秋

五年冬大雪寒凍　樹上枯枝凝冰玲瓏若瑪瑙名曰樹个

六年十二月雪後奇寒冰厚尺許河幾為封

八年正月初二日辰時地震

十年小麥盡發黃疸顆粒無收

十四年正月大雪十二月十三日大雷雨雹

十五年四月二十四日雨紅豆村人拾而藏之是年豆無秋

十八年螟食田禾幾盡十二月大雪彌月歲大歉

十九年春滛雨二月不霽豆麥俱損四月十九夜雨雹大風拔木發屋十五都爲尤烈以上采訪

(清)馬象麟修

(清)柴文卿、楊汝挺纂

(清)王俊增補

【康熙】桐廬縣志

清康熙十二年(1673)刻二十年(1681)增刻本

災異

水災 成化二十三年五月縣治民居之高阜者盡墊於水 正德六年八月水田禾卑下者多無獲 嘉靖元年自芒種至夏至洪水不洩禾苗多被害 嘉靖十八年六月霪雨壞民廬舍甚衆市郭平地水高二丈餘 嘉靖二十八年五月又三十八年五月田禾俱被淹没 萬曆十年五月水害

田禾無遺種　萬曆十三年五月大雨水高數丈盡壞田宅　萬曆三十五年六年洪水泛濫堰橋俱壞田地淹沒賴竹生米救饑　崇禎十三年雨久麥死斗米五錢　順治十二年大水堰橋潰傾秋又大旱

旱災　宣德九年　景太七年大旱　弘治元年六月至八月不雨　正德元年六月至八月不雨　正德三年自五月中旬至八月中旬不雨　正德十一年　嘉靖三年自五月至十一月不雨　嘉靖二十三年大旱二十四年大旱每米一石價至一兩四錢　嘉靖四十年旱　萬曆十一年大旱　萬曆十六年二麥全無道殣枕藉　天啓年間旱甚民饑　崇禎十四年大旱米穀價高餓莩相望　順治八年米價驟貴本邑旱魃爲災每石價高五兩窮民乏食又順治十八年大旱顆粒無收

蟲災　洪武三十五年六月飛蝗自北來禾穗及竹木葉俱食盡　正德十一年螟螣害稼　嘉靖十九年蝗蟲不甚爲害　嘉靖四十一年蝗蟲爲害　萬曆六年六月禾未熟時青蟲如蠶形者將禾苗

食盡 崇禎十二年
飛蟲食稻倏倍於前

地震 弘治十八年九月十三日亥時地震無聲居民
如在波蕩中者凡三而止 嘉靖五年正月十
六日夜地震 萬曆十三年二月初六日申時縣
南岸地震 康熙七年六月地震又地生白草如
毛是處
皆有

風雹 正德六年三月初六日黑風一陣來自西北聲
如雷响合抱之木摋折拔起不可勝記兼以驟
雨霎時逼衢水湧三四尺繼以冰雹徑寸類拳方
圓三稜不等秧麥桑柘民居皆被害 嘉靖二十
三年三月初二日夜〇康熙十三年正二月連雨三
風雹合抱木皆懸拔月十七八夜大雷淫雨不息

大雪 景泰五年正月雪至二月深六七尺 正德七
年二月雪深二尺 正德十四年十二月雪至
十五年正月末旬 嘉靖四十年正月二月大雪
市郭深二尺餘 崇禎辛己年冬雪高三尺 康
熙九年冬大康熙十二年清
雪高三四尺〇明後山頭大雪

大寒 天順七年正陽月甚旱木多枯死如石榴之類無遺種 正德四年十一月連日大霜寒凍竹木之凋者枯瘁不生 康熙九年雪久劇寒樹木凍死

火災 成化十八年居民不戒於火延及本縣布政分司衙門成化二十二年罹於火本縣按察分司衙門亦燬 弘治九年上隅民居災延爇四五十家 弘治十二年縣署西廊災 正德二年驛左民居災 正德八年下隅民居正月災二月又災天啟年坊郭罹火 崇禎十一年縣治通街盡焚存者僅數家古今未有之慘 順治十一年延燒百十餘家自錢家橋起柴家巷止

兵變 宋宣和二年清溪民方臘不軌被害 建炎已酉兀术至牛山塲 元末於潛梁萬戶轉掠本縣 又僞周張仕誠令部將劉眞據桐謀築城居民苦於力役眞性慘酷築土不堅者遂和土築於其中繼以疫厲死者相枕藉 崇禎十七年方馬兵盤踞鄉邑民避山谷受害二載 順治三年民始歸籍

【乾隆】桐廬縣志

（清）嚴正身、王德讓修
（清）金嘉琰等纂

抄本

灾異

宋宣和二年清溪民方臘不軌邑被兵

建炎己酉兀朮至牛山塢

元末於潛梁萬戶韓掠本縣

偽周張仕誠令部將劉真據邑築城居民苦於力役

真性慘酷築土不堅者遂和土築於中繼以大疫死

者相枕籍

洪武三十五年六月蝗自北來禾穗及竹木葉俱食盡

宣德九年大旱

景泰五年正月至二月雪深六七尺

景泰七年大旱

天順七年正陽月甚寒木多枯死如石榴之類無遺種

成化十八年火延燒本縣布政分司衙門二十二年又火延燒本縣按察司衙門

成化二十三年五月大水縣治高阜居民皆墊

弘治元年六月至八月不雨

宏治九年上渦民居灾延燒四五十家

十二年縣署西廊灾

十八年九月十三日亥時地震

正德元年六月至八月不雨

二年驛左居民灾

三年五月至八月大旱

六年三月大雨雹大木多拔

六年八月水田禾卑下者無穫

七年二月大雨雪

八年正月下渦民居灾二月又灾

十一年旱螟蝮害稼

十四年十二月至次年正月大雪

嘉靖元年自芒種至夏洪水不減禾苗多被害

三年自五月至十一月不雨

五年正月十六日夜地震

十八年六月霪雨壞民廬舍市郭平地水高二丈餘

十九年蝗不甚爲害

二十三年三月初二日夜大風雹合抱之木皆懸拔

二十三年二十四年大旱米價至一兩四錢一石

二十八年五月大水

三十八年五月大水禾木俱湮没

四十年正月二月大雪

四十年旱

四十一年蝗虫害稼

萬歷六年六月禾未熟虫食盡

十年五月大水田禾無遺種

十一年大旱

十三年二月初六日申時縣南岸地震五月大雨水

高數丈壞田宅

十六年無麥

三十五年三十六年洪水泛濫橋堰俱壞田地湮没
　賴竹生米救飢
天啟年旱　坊郭火
崇禎十一年縣治盡灾存者僅數家
十二年飛虫食稻
十三年大雨水無麥斗米五錢
十四年大旱民饑
十五年冬雪深三尺
十七年方馬兵踏鄉邑民避山谷中
國朝順治三年始平

順治八年大旱米石五兩

十一年火自錢家橋起至柴家巷止焚燒一百十餘家

十二年大水橋堰傾潰秋大旱

十八年大旱無禾

康熙七年六月地震又地生白草如毛是處皆有

九年冬大雪深三四尺

十年五月至八月大旱是年旱無滴雨即有灌蘇之田青虫大發始食葉繼食穗穗盡食莖莖盡噬根顆粒無收民皆饑饉知縣馬象麟申請發粟賑濟在坊士民戴國咸羅啟北汪錫元皇甫家騄宗文魏王洸吉汪汝衡王啟京王日喜皇家殘王日京張應兆等倡首捐貲輸米附賑于城隍朝在鄉紫文卿王華昌戴中嶽紫永義等倡首輸米開廠於慈化菴施粥三月遠近全活甚眾復蒙巡撫

范公承謨具題分別災傷蠲免正賦十分之三民始得蘇

十三年正二月連雨二月廿五日大風拔城隍廟後十圍松木二枝屋瓦皆飛大雨如注民皆震恐三月十七八日夜大雷電霆雨不息

二十一年五月大水自春徂夏霪雨兩月餘至五月十七日夜汾郭平地水深二丈許浸及縣治後衙廳舍漂沒高者從屋上出入浮屍壞屋蔽江而下凡五晝夜方平比其退而野無青草矣六月初三水復至較前差減四尺本邑奉差安撫筆帖式楊邑宰家駕舟救濟所活無算民甚德之縣童輝申請總督李公巡撫王公會題請蠲本邑錢糧共免三千一百一兩零窮鄉下里皆獲沾實惠

二十二年二月至四月雨無麥米貴石一兩五錢

三十六年大旱金牛鄉紳士楊嘉祚嘉禎嘉禧等于上流華賑粥待哺者日以千計

惠人賓幼

五十五年五月大水平地高丈許知縣陳維嶽詳請蠲賑

六十年五月至七月不雨禾盡枯知縣張坦熊詳請蠲賑地丁免十分之三

乾隆五年自夏徂冬牛之死者十凡八九

九年六月十四日桐君塔震七月初三日大雨江水驟漲城市陡高二丈許居民升于屋上凡侵五晝夜方退知縣鄭士俊詳請蠲賑

十年牛疫知縣高居寧詳請借給牛本

十六年大旱二麥全無民食草根幾盡知縣吳㝢青
詳請蠲賑　恩免地丁銀米三千二百四十兩零又
闔邑士民捐銀八千餘兩生員施軼茲監生黃乘輅
施應芳自備資斧出境採買十七年春月升米至三
分半各鄉設廠煮賑減價一分平糶民實利賴
十八年旱井泉多涸署縣嚴正身詳請給發籽本蠲
緩地丁六百九十兩三錢六分零屯米五十四石八
斗一升零是年牛死十之七八
十九年九月上坊居民大
二十年江南及嘉湖寍紹荒二十一年米價每升至

三十二三文署知縣蔣大烈先事勸富戶出粟減價平糶民不為病邑紳士邢學仲邢學儒邢學佩以貧民淡無者衆若必易錢糴米未免需時乃設廠照所減之價以粟易米且一到即給熱粥一碗荒政中最為良法事竣詳請上憲給匾旌表

桐廬縣志卷之十六終

（清）陳常鏵、馮圻修　（清）臧承宣纂

【光緒】分水縣志

清光緒三十二年（1906）刻本

光緒汾水縣志卷十

雜志

雜志者何事非一類無所繫屬詒非無因足備參攷別爲一卷亦古雜史意也舊志止載祥祲佚事兩條而兵燹闕如分境北連於昌西南界滀建東達桐新雖山陬僻處亦四衝之地也若不詳紀兵燹將何以識興衰而知治亂此次續修志書采輯本邑歷朝以來被兵變故以竢于後俾後之君子驗時俗之盛衰知民生之休戚災祥豐歉攷鏡備資亦紀事之一例也作雜志

祥祲

唐元和十年龍口山有五色雲起占者曰大魁之兆時施肩

吾讀書其上至十五年果狀元及第因名其山爲五雲山

唐末越西地震無雲而雷謂之天鼓不數日裘甫作亂邑鄉市悉遭兵燹

宋祥符間洛口小山有𤲅雲數日不散守臣獲五色芝草以獻且圖𤲅雲之瑞

紹興九年大風拔木已而大水壞沿溪廬舍民多溺死

三十一年冬無冰雪暖如夏日而雷

三十二年大水公私廨舍蕩傾

開禧三年大水漂禾街市水盈六尺

嘉定八年旱百二十五日溪涸井竭斗水三十錢民多渴死

元至正元年有大星墜慶雲山聲如雷光照百里雞犬皆驚

至正末有白虹如十字交半日不解廣文某知占候私告人曰亂將作矣即遯去越三日紅巾賊至焚掠無遺

明洪武三年晦夜赤氣四起照曜如日邑令金師古曰此爲旱徵諭民高田勿種禾止蒔豆粟塘壩宜早浚已而果旱至秋始雨邑免於災

八年郡屬皆旱獨本邑有雨七月忽大雨九日田禾悉没

永樂四年大雨彌月水溢城市雨甫霽見南溪有物如龍尾長數丈雷雨隨之沿溪廬舍皆没

宏治二年夏旱秋雨枯禾岐枝發穗豐於往年

正德元年大旱諸溪斷流

嘉靖二年冰雹如斗傷人畜無算

十三年晦夜各山雲起赤色如日既而火災十餘處

十九年春有白鸛鴿棲於縣治

三十四年秋文廟前桂子叢生大如銀杏

萬歷七年青蟲食田禾殆盡

十六年山水暴發田舍多没其年大饑斗米銀三錢六分

天啟三年旱雨雹傷禾苗果實

崇禎元年七月二十四日大水漂没田舍

十四年饑斗米銀四錢虎食人

國朝順治九年大雨雷震巨木多拔

康熙二年旱

十年大旱蟲食禾穗殆盡

二十一年五月十七日大水田禾廬墓漂没無算郡守任風厚設法賑饑全活甚衆

四十六年夏旱

四十七年小旱

五十一年大水壞廬墓

五十六年秋旱

六十年大旱道有餓殍

雍正元年夏五月不雨秋七月螟

二年春水夏旱麥禾無收

十二年旱

乾隆三年八月望膏雲起縣前越晨猶爛嗣是己未壬戌乙

丑甲第蟬聯

四年三月地震

六年大稔

九年七月大水壞沿溪廬墓

十一年四月夜半縣南慈山石鳴如鐘踰月乃止秋大疫

十六年春潦夏秋不雨禾苗枯槁

二十年夏饑斗米銀六錢

二十二年螟虎傷人

三十一年六月遍地出毛

三十六年大旱溪流竭涸

四十六年大水平地深數尺

四十九年山水衝没田廬
嘉慶元年正月大霜麥苗凍死霽後發新莖麥則大熟
八年荒
十四年大水
十六年旱荒
十九年旱荒
二十三年小旱
二十五年大旱七月二十三日霪雨連旬
道光三年夏秋旱
八年夏秋旱
十二年旱歲凶

十三年歲凶饑殍相望

十四年五月十三日霪雨連旬田廬湮沒無算

十五年麥穀俱大熟

十九年小旱

二十年秋夜月中見白虹

二十一年十月晦大雪六日平地積四五尺敗民居無數次
年三月雪始消

二十二年冬至雷電

二十三年二月初三夜起有白氣亘天自西南漸移西北閱
二月始消

三十年大水

咸豐七年秋大水漂没田廬無算

十年冬彗星見

十一年邑遭粤匪亂

同治元年春大雪

二年大旱復大疫餓殍滿途死亡枕藉

四年大水

六年大稔

光緒二年夏大水秋彗星見冬會匪李阿水亂旋卽剿滅

九年大水

十五年夏季大水田禾漂没知縣劉壐請賑以䘏災黎

二十一年大稔

二十六年旱歉收
二十七年夏大水
二十八年夏大荒米價昂貴
三十年冬十二月雷電
三十一年秋歉收
三十二年夏大荒米價昂貴民有菜色

鍾詩傑修　臧承宣纂

【民國】續修分水縣志

民國三十一年（1942）鉛印本

祥祲

民國三年大旱田禾顆粒無收米價每元十斤

十一年七月大水沿溪廬墓漂沒無算爲遜清光緒十五年以後所僅見官民議推代表

赴省乞賑得華洋義賑會先後撥來賑款四萬餘金

二十年夏月陰涼日光可愛秋多疫癘

二十三年自芒種晴至處暑始雨溪澗井涸田禾枯槁熱度高至百餘度民心皇皇務民

乘機破壞森林幾釀巨變官府向皖籍辦米平糶米價每元九斤

二十四年夏饑民有菜色入秋大豐

二十五年毛蟲食稻苗殆盡為數十年來所未有

二十六年一月大雪三月雨雹

二十八年八月二十日各鄉民祭求雨

同年冬大雪平地積數尺樹木多凍死

二十九年麥荒春夏無雨高田不能下種米價驟增至每元四斤入秋霖雨副產豐收

三十年五六月雨多而涼稻禾不發入秋霪雨彌旬穀芽寸長米價每元二斤薪每擔五元以上粗布每尺一元六七角

同年秋痢疾流行招賢鄉最甚死亡近百以婦女為多城區及北鄉亦發生疫癘合村死百餘人

冬雷發聲虹見於北十月間筍長尺許

三十一年夏霪雨彌旬山洪暴發淹沒田廬米價每斤三元薪每百斤價十二元肉每市斤價十二元八角入秋人多足疾雖棘刺微傷必致潰爛抱膝呻吟者以合村一鄉計之已百八十餘人而他鄉尚有過之者實近百年來未有事也

【民國】新登縣志

徐士瀛修　張子榮、史錫永纂

民國十一年(1922)鉛印本

新登縣志卷二十

拾遺篇

珠淵珊網類有遺珍竹屑木頭或充實用舊志拾遺今亦選擇數條編入正篇如乘副車不同覆水山深林邃其猶有不求聞達爲搜巖而採者所未及乎一空冀北以俟君子

星野

古測杭州牛分野今測杭州斗一度載稽星度杭州但占南度一星其量又未悉周祗占斗中一度其爲占亦微渺矣按杭州一府僅占南度一星則新城不過占一星十分之二耳前志圖於斗外旁及天籥天雞天淵天弁四星不錄之舊志參乾隆府志

祥異

宋治平中杭州南新縣民家析柿木中有上天大國四字書法類顔魯公有筆力國字中間仍排起作大口全是顔筆其横畫即是横理斜畫即是斜理其木直剖偶當天字中分而天字不破上下兩畫并一脚皆横挺出半指許如木中之節以兩木合之如合契焉 夢溪筆談

紹興四年大有 舊志

乾道二年大旱 舊志

淳熙十一年十二月戊辰天雨黑水終夕盈畛 文獻通考

紹熙五年八月辛丑大雨水 宋史五行志

嘉定三年四月大水五月大雨水圮田廬市郭舊志

八年四月乙卯飛蝗入縣境

元至元二十八年饑萬曆府志

明永樂間折桂鄉東山生芝大小二十七本康熙志

天順五年大旱舊志

六年螟蝗舊志

嘉靖六年大有舊志

萬曆元年大有舊志

七年大有舊志

崇禎十四年大祲舊志

十五年大祲舊志
清康熙八年大有舊志
十年大旱兼蟲災舊志
四十九年大祲舊志
六十年大祲舊志
乾隆二十年大祲舊志
二十二年南新東洲兩鄉虎屢傷人舊志
四十六年夏旱舊志
五十年大有舊志
五十一年二麥有秋舊志

嘉慶五年正月大雪十餘日平地丈餘舊志

六年七月大水舊志

十三年閏五月大水舊志

十四年大有舊志

十五年大有舊志

十六年夏旱舊志

十九年夏旱秋早涼舊志

二十五年自五月下旬不雨至七月上旬禾稼盡枯十四日雨至二十三日止平地水積丈餘晴後徵暑匝月枯木復生是歲民無饑色舊志

道光元年夏大疫

八年秋大有穀有一莖三穗者

十二年夏大旱

十三年春大饑

二十一年十月晦大雪六日平地積五尺

二十六年夏五月大旱

二十九年夏五月大水

咸豐二年冬十月十三日酉刻天雨黑子形如豌豆中黄而潤混沌無瓣雞食不化多噎死

六年秋大旱

十年春二月廿三日卯刻城西北隅崩是歲十月初四日粵寇由桐廬至

十一年夏五月長星見吐光如噴火天文家謂此車輔一星在斗南吐芒所見之處赤地千里冬十一月二十八日杭城再陷江浙遍地皆賊竄十二月二十七日大雪平地丈餘

同治元年春正月大寒溪冰堅厚舟楫不通民多凍死

二年弧矢星明新城富陽次第肅清惟杭城尚爲寇踞有觀象緯者謂自軍興以來弧矢與天狼不對今矢稍正射天狼賊當滅矣後果如其言

四年夏閏五月大水

十二年夏六月大旱城西街市火

光緒二年夏六月十四日大水平地五尺大老隝沿溪廬舍均漂沒

五年夏大旱自五月初六日起至七月初一日亢陽不雨溪流皆涸

七年夏五月彗星見於西北

十二年夏旱祈雨者絡繹於途六月二十八日天雨

十五年秋七月大水二十八日水自桐廬來縣南昌西祥禽等鄉隄堰盡圮九月間霪雨四十餘日秋稼悉壞

十六年春三月初四日大風拔木民間屋瓦俱飛周王廟大孝坊

折其頂

二十四年六月十五夜戌刻白虹見於北方是夜上四鄉同傾二坊一在萬古宅前一在高姓祠前

二十六年冬十一月十三日大燠夜大雷電

二十七年夏五月大水六月有螟不爲災

二十八年夏秋大疫死者甚衆

三十年冬暖十二月十九日天大雷電

三十二年春二月二十六日大雨雹時近午天色晦冥

三十三年夏秋之交久旱不雨田禾生青蟲似蠶喙黑卷葉作網食葉有聲土人用三角小旗揷於田畔幷擡土穀神走遍田疇以

鎮之越日其患乃息是歲秋雨水兼旬稻多生芽

三十四年夏旱六月初十日至秋七月十六日不雨田禾歉收

宣統元年夏久旱不雨溪流盡涸冬十一月十八日辰刻虹見西方

二年饑夏五月米價翔貴每石銀幣八圓

三年夏多陰雨秋大疫

民國三年大旱溪流盡涸田禾皆槁

【康熙】蕭山縣志

（清）劉儼修　（清）張遠纂

清康熙三十二年（1693）刻本

蕭山縣志卷九

文林郎知蕭山縣事鄒　勷

文林郎知蕭山縣事劉　儼　重修

邑文學　張沛祥

　　　　張崇文　編較

災祥志

春秋凡遇災則書之所以恤民隱議禳救以是爲天之譴告而兢兢側省之是務也至後世乃流爲妖祥之説矣傳有曰天下無災害雖有賢者無以施其材蕭瀕罹災固亦賢者施材之地也是烏可

以不志

唐開元中士人韋知微選授越州蕭山令縣多山魈變幻百端無敢犯者前後官吏事之如神然終遭其害知微既至則究其窟穴廣備薪采伺候集聚因環薪縱火衆持兵刃焚殺殆盡而邑中累月蹤跡杜絶忽一日晨朝有客詣縣門車馬風塵僕馭憔悴投刺請謁曰蘭陵蕭慥知微初不疑慮即延入上座談論笑謔敏辯無雙知微甚加顧重因授館休焉客乃謂知微曰僕途徑峽中收得猴雛習

能可玩數以奉覌乃出懷中小盒開之而有獮猴大纔如栗跳躑宛轉識解人情知微奇之因攜入誇異于宅內獮猴于是騰躍踴駭化為虎焉扃閉不及兵仗靡加闔門皆為啗噬靡有孑遺

宋淳熙七年大旱

咸淳六年海溢新林被虐為甚岸址蕩無存者

元元統春天大雨雹壞官民廨舍

明洪武二十一年大風捍海塘壞潮抵於市

洪武三十二年大水

景泰七年五月大水

天順四年四月大水

成化七年風潮大作新林塘復壞

弘治初西興石塘外距江濵十里許皆阜土田園地墓相錯其間居民蓋巳相忘其後海濤西嚙日復日盡淪諸江至石塘而後止前此雖父老亦不知有此塘也

弘治十八年地大震

正德三年六旱歲饑

正德七年七月海溢瀕塘民溺死無筭存者亦無遺者

正德十四年西江塘圮大水饑

正德十六年二月地大震

正德十六年元旦五鼓餘西北有星者然有聲流注白光二三丈許如疋練至曉而沒

嘉靖元年西北塘復圮

嘉靖六年六月淫雨西江塘壞瀕塘民居咸漂失人畜多溺死平原皆成巨浸

嘉靖八年立秋日蝗飛入境

嘉靖十八年六月六日西江塘壞縣市可駕巨舟大饑

嘉靖二十四年大旱斗米一錢六分民多疾疫死者盈路

嘉靖三十七年訛言馬道士至男女戒備夜不敢寢

隆慶二年正月民間競傳將選宮女婚配略盡

萬曆二年六月日正午儒學西南浜中水忽沸騰高三丈許俄有物大如荷葉隨風旋轉直上九霄莫究所歸

萬曆十三年五月大雨周老堰潰西江水入城市
其勢不減嘉靖中
萬曆十五年八月霪雨至于十二月禾稼盡腐饑
饉荐臻塩價頓高十倍往昔
萬曆十六年自正月逮五月霪雨麥復不登米價
騰踊一斗一錢八分丐人死者接踵所在盜起官
設粥以賑民競就食多臥于道疫癘大作十室九
空 知縣劉會議賑申文畧曰自經春以來專理荒
政將通縣饑民審係極貧者縣以內則分三等
煮粥五十日食粥饑民每日計四千餘人縣以外
則分鄉都煮粥四十日食粥饑民每日計一萬四

千餘人其次貧不食粥者又立平糶法勸諭各大戶輸米公所知縣親爲定價監糶每日各有簿記共糶過一萬餘石如米價一斗一錢七分者每斗減價四分計糶者四萬餘人每人約二斗五升是一人受一錢之惠也又細訪有眞不舉火者數千人仍給米數升顧者煮粥平糶之外别無餘策畢竭日夜所以寸心也

萬曆十六十七年疫癘大作邑無寧居死者相籍于道令劉會選醫置藥物療之差衆僧人往西郊掩薶骼日報致憫恤云

萬曆十七年六月初九日颶風大作海溢潮灌淹沒土一帶田禾四萬餘畝拔木漂廬舍

萬曆二十六年五月居民賈大經竈前湧出鮮血高至尺許巡撫劉元霖以地方異變事奏聞

萬曆三十二年十月戌時地動門户皆響

天啓三年十一月念二日申時地震有聲

天啓五年七月大旱田起黄埃井泉俱竭

天啓七年秋長河冠山之麓曰芧山一夕忽光氣揷天往覓其所有石壁明徹如鏡山川人物無不畢照逾月漸晦今石尚存時有觀覽者或以爲邑紳來公宗道入相之兆云

崇禎元年七月連雨念三日颶風大作拔樹倒屋酉刻海水驟溢從白洋瓜瀝而入漂沒廬舍田禾淹死人民念九日復大風雨撫按奏聞蕭山淹死人口共一萬七千二百餘口老稚婦女不在數內

崇禎十一年戊寅六月十一日飛蝗入境山鄉田禾顆粒無收十二年春夏皆有之

崇禎十四年正月大雪逾旬饑民至富家搶米城中擾亂邑令郝愈公議煮粥賑之分縣爲六區每區以紳衿二人主其事各坊饑民咸就本區領粥

縣捐俸米二十四石其餘區中富戸公輸閣三月方止二月許三殺子而食官立斃之（三係下鄉人寓西門外望湖僑側縫皮爲業）四月瘟癘大作死者相籍于道五月大旱米價湧貴（米每石三兩三錢大麥每石一兩五錢）

崇禎十五年五月大水西江塘壞田禾淹没六月十六日大雨三日江水復進如前重種禾苗又淹没無遺道府及山會知縣看塘督修

國朝順治三年五月大旱運河盡成赤地至十月大雨始可行舟鄉民煮樹皮爲食米價每石四兩

順治七年六七等都大荒邑令王吉人賑饑擇耆民領儲米分都賑濟

順治九年二月十四日四更地震

順治十一年四月初六日辰時地震有聲如雷是日又山鳴

順治十七年二月念四日午時大雷雹雨黑水

十一月初十日地動念一日地動念八日地又動

康熙六年丁未蝗蟲

康熙七年六月十七日戌時地震三四刻門壁皆

響三十日亥時地震　地生白毛亦間有黑毛
康熙九年二月天雨雪有紅光燭地其聲如雷大月大水淹沒田禾臘月初三日連朝風雪寒甚錢塘江船閉渡一日商旅俱積是日午時人皆爭渡而舟子利于滿載開船未踰百武風浪洶至舟已覆矣計溺死者七十五人以救得生者連舟子止三人

督院劉撫院范遣人撈尸給棺設醮超度覆舟之慘數百年來未有若此之甚者

康熙十一年四月十六日卯時有赤光丈許經天移時墜地其聲如雷

康熙十五年夏雨浹旬五月十三日西江塘圮水灌田禾是歲半收 詳水利志

康熙二十年五月大雨臨浦塘壞楊家閘壞水湧入城市起水數尺數十年僅見田禾再種又被兵匪又遭蟊死顆粒無收 詳水利志

康熙二十一年五月連雨上江水溢西江塘沉城市起水丈許直駕舟楫往來禾苗淹没廬舍傾倒

[illegible]房戶船隨流畜產溺死不計其數六月江水復進城市木亦如前因禾三種顆粒無收百年來水患况較二十年水災更甚 督 撫疏題災荒蠲赦本年錢糧一萬二千四百七十二兩零 詳水利志

康熙二十二年春夏疫癘大作死者枕籍

來裕恂纂輯

【民國】蕭山縣志稿

稿本

歷年祥災

祥瑞多假託，而前代正史屢言之，實含有媚上求榮之意，未足取。然亦間有不出於附會者，本書祇取二三事，慎言其餘耳。若夫災異，雖倒始春秋，然亦有當日筆者，本書惟錄水災、旱災、風災、雹災、螟、蝗災、疫癘災，因與民食國課人命攸關，

故誌之、惟災書而異不書、
宋書符瑞志、咸康二年四月、甘露降永興縣、
南齊書祥瑞志、建元二年五月、白雀見會稽永興縣、
宋史五行志、大中祥符五年閏十月、蕭山縣芝生李樹上、
以上祥
以下災
顧冲水利事蹟、淳熙七年大旱、八年大水、
宋史五行志、紹熙四年五月、蕭山大水、壞田稼、
宋史五行志、紹熙五年七月、蕭山大風駕海潮、壞隄傷田、
宋史五行志、慶元三年秋、蕭山螟、
宋史五行志、嘉定十五年七月、蕭山縣大水、時久雨、衢婺嚴暴流與江濤合、圮田廬害稼、
萬歷志、咸淳六年、大風海溢、新林被虐為甚、岸址蕩然無存、

宋史度宗本紀，咸淳八年八月，蕭山大水、

元史五行志，元統元年三月戊子，蕭山縣大風雨雹，拔木仆屋，殺麻麥，斃死傷人民、

萬歷志，洪武二十一年，大風捍海塘壞，潮抵於市、

洪武三十二年大水，江潮壞隄，田廬淹沒，主簿師鏊增築隄岸四十餘丈、

景泰七年，五月，大水、

天順四年四月，大水、

成化七年，風潮大作，新林塘壞、

弘治八年，潮嚙長山隄幾圮，太守游興以聞，事下參政韓鎬，議屬同知羅璞，督工築為石隄、

九年六月，蕭山水湧，溺死三百餘人、

正德三年大旱，歲饑、

二

二

七年七月、颶風大作、海水漲溢、頃刻高數丈許、瀕塘男女溺死無算、房室無存、

十四年西江塘圮、大水、饑、

嘉靖元年西北塘復圮、

六年六月、蕭山淫雨壞江塘、平原成巨浸、沿塘民家皆漂沒、

八年立秋日、蝗飛入境、

十八年六月六日、西江塘壞、縣市可駕巨舟、大饑、

二十四年大旱、斗米一錢六分、民多疾疫、死者盈路、以上據萬曆志

田藝蘅留青日札、嘉靖丁未、自夏至冬、浙江潮汐不至、水源乾涸、中流可泳而渡、舊江面十八里、今止一線、

萬曆志、嘉靖三十一年、沙岸坍及石塘、至四十三年後、江潮撼激塘石飄捲、漸嚙內地、

十二年五月大雨、周老堰潰、西江水入城市、

十四年七月十八日，海潮大作，洗入沙地千餘丈，室廬衝壞數百間。

十五年，蕭山自秋雨至冬始晴，大饑，鹽價頓高十倍。

十六年，自正月連五月淫雨，麥不登，米價一斗一錢八分，丐人死者接踵，所在盜起，官設粥以賑，民競就食，多卧於道，疫癘大作。

十七年六月初九日，颶風作，海溢，潮灌沒沿江田禾四萬餘畝，拔木漂廬舍。以上據萬歷志

舊志：崇禎元年七月連雨，二十三日，颶風大作，酉刻，海水驟溢，從白洋瓜瀝而入，漂沒廬舍田禾，人多淹死。二十九日復大風雨，撫按奏聞：蕭山淹死人口共一萬七千二百餘口。

九年秋，潮衝瓜瀝塘壞。

十四年四月，疫癘大作，死者相藉於道。五月大旱，米每石三兩三錢，大麥每石一兩五錢。

十五年五月、大水、西江塘壞、田禾淹沒、六月十六日大雨三日、
江水復進、重種禾苗、又被淹沒、道府及山會蕭知縣、看塘
督修、以上舊志、
乾隆志、順治三年五月大旱、運河盡成赤地、大兵入城、
十一年、西江塘圮、
康熙三年八月初三日、海嘯、塘坍二百餘丈、田廬漂沒、邑令
徐則敏於要害處、築石塘一百丈、
九年二月大雨雪、六月水害稼、臘月初三日、風雪連朝、錢江
停渡、
十五年夏雨浹旬、五月十三日、西江塘圮、水害稼、
二十年五月大雨、臨浦塘壞、楊家閘亦壞、水湧入城市數尺、
田禾再種、虫蝕無收、

二十一年五月連雨，西江塘潰，城市駕舟，田禾三種無收，奉詔
蠲免錢糧一萬二千四百六十二兩零。
二十二年春夏，疫癘大作，死者枕藉。
五十三年，西江塘壞，江水入城，田禾種後復旱，歲歉收，奉詔
蠲免被災田糧五千一百餘兩。
雍正元年秋旱，奉詔蠲免田賦。
二年七月中旬，海風大發，潮衝西興、日泰、豐字、盛盈六
圍，竈地廬舍倒壞，花息無收，奉詔蠲賦，并給賑卹銀
來。（按此條，舊志作康熙二年。）
乾隆六年七月二十三日，陡起颶風，海潮壞江塘，害田禾，河南
九鄉亦遭淹沒，奉詔加恩賑卹，并蠲免民竈錢糧，合計

蠲銀米二萬有奇。

九年七月初三日，徽嚴水發，海水上溢，河南九鄉田禾被淹。水從蘆瀝康河入，低田禾苗，盡遭淹沒。奉詔加恩賑卹，計米十萬石有奇，蠲免民竈課額一萬二千有奇，仍發帑銀一千六百兩零，築十二都塘二千五百五十七丈。以上據乾隆志。

十三年歲大饑，草根樹皮掘食將盡。

二十年秋，收大歉，次年春夏之交，斗米三百錢，丐殍載道。

二十六年十二月大寒，官河皆凍，小河冰堅，十餘日始解。

三十五年七月二十三日，颶風大雨，海水溢入西興塘，至宋家漊八十餘里，蘆瀝康河北海塘大決，塘外種作沙地者，男婦淹斃一萬餘口。同日西興三都二圖西江塘亦

決，淹斃人口漂没廬舍無算，内河兩日不能通舟，邑令談官
詣親勘申詳。
四十一年四月十一日起，晝夜大雨，上江山水暴發，聞家堰西
江塘決，江水侵入内河，近塘廬舍頃刻水深丈餘，西興
地勢雖高，平地亦水深五尺，同時北海塘亦決，水由決口入海，
至二十日外，水勢漸消，五月初二日山水暴漲，又進如前，是年
豆麥盡遭霉爛，春花無收。
五十六年，木棉花歉收，每斤價至一百文，是年夏，西江塘
張神殿荷花蕩等處塘石頂衝塌陷。
五十九年夏間米價每斗貴至三百四十文，往時米價至一百五六
十文，即有餓殍，是年人尚樂生，蓋上年專貴在米，是年則魚
蝦蔬果無一不貴，故小販村農尚可餬口。

嘉慶元年丙辰大雪、
二年、自四月中至六月望前、陰雨連綿、低田種後復淹、東鄉尤甚、
過大暑節、猶紛紛補種、西興沙地全坍、漸露塘根、望京
門外、海潮由閘口溢入內河、水味常鹹、鎮水菴迤南、達四都、
偏江、勢尤危險、
三年九月二十四五六日、早晚六潮、西興望京門外沙地、約漲十
餘里、
四年七月初二日、暴風從東南來、高樹折、屋瓦飛、雨雹大如雞
卯、
五年正月大雪、積幾四尺、
六年七月十五日、大雨、水溢階除、是日上江山水暴漲、諸暨一山

陰蕭山近江田畝被淹、西興江水溢入內河、北海陡漲、倒灌入三江閘、
曹娥江亦被海水浸入、山陰蕭山沙地、俱沒於水、
八年十一月十七日、子丑時分暴風甚雨、疾雷大作、時過長至方經
七日、二十三日夜雨、至二十七日甫晴、河水漲數尺、東鄉低田俱淹
九年元日子時、大風、至辰時方止、十二日夕雨、至十七日朝方霽、薄
暮復雨、十八日後連日雷電、時有大風雨、至二十四日雨止、東鄉低田、
春花受傷、
十年、自三月初、長雨至五月霉後方晴、去冬、市米石值三千文、入春
漸貴、至夏至每石四千五六百文、官平糶於祇園寺、設廠給
票、以上據病榻夢痕錄
十九年歲饑、縣設四廠以賑、

六

二十五年，自五月望至七月望，大旱，河水涸赤。七月二十二日，霪雨颶風，内河水漲六七尺，錢江漲水十餘丈，南鄉如周家湖、芧蘿鄉等處，悉遭江水淹没，浙東各州縣被患者，十居七八，秋收無望，惟西興一帶，塘無坍損，田不淹没。外江水漲十餘丈，尚不溢入。

嘉慶季年，邑有青蟲之孽，能聯數苗葉作繭處其中，久之成小蝶飛去，苗亦隨槁。

道光元年，大疫。

元年八月九日，江潮盛漲，西興自龍口至牛埠蕩，約五百餘步，塘石衝壞，民房坍没數十間。

三年七月，大風雨，拔木偃禾，潮勢尤猛，西興沿塘民居衝没，盡成白地。

四年正月，西興關口石塘，潮水衝去石簍二十餘部，鎮水菴

董家潭塘頭等處，塘被衝坍。

十一年夏，霪雨壞稼。

十二年大旱。

十三年，自春徂秋，霪雨不止，歲大荒，餓殍載途。邑尊奉撥賑錢，王蓮溪先生倡議，請如嘉慶十九年故事，於四廠更增一廠，米則以錢代之，蓋以廠多則人勢分，給錢則得食速，當時每廠就賑者近萬人，按期給散，雖婦孺無遺顛躓者。

十七年冬煖，雨霜不見白，歲除，梅花盡放。

十九年，初交小雪節，遂下大雪七日，深四五尺，晚稻未收，壓在雪下，雪消後，雀之死，稻下及人餓死者無算，兼有屋壓坍者。

二十一年三月，邑東鄉瘟疫盛行。以上據重論文齋筆錄

七

二十九年閏四月十九日、大雨如注、夾以山水、數日之間、平地水漲數尺、是歲秋、又旱荒成災、米價每石大錢五千四百文、官吏散荒、每人分給錢二十七文、可得半升之米價、

三十年夏、霪雨、西江塘連年坍決、閘下各鄉田禾悉遭淹沒、要以是年八月十四日午後為尤甚、是日西江塘坍、洪潮直灌、田禾盡淹、王蓮溪先生亟請邑宰、開放西興龍口閘、使水外溢、人始安謐、是時官米、每升六十四文、

咸豐二年、六月不雨、以至冬令、運河自西興至城中、可以行路、惟湘湖跨湖橋下、見有水潭、

十一年冬、十二月、二十七日至二十九日、三晝夜大雪、平地陡深六尺、路無行人、河無行舟、水中凝雪、結冰厚尺餘、湘湖及西小江中、行之如履平地、

同治元年六月初四日，西江塘決，平地水漲五尺，十餘日方退。
四年五月二十九日子時，長興、長河等處，西江塘決，衝至巳刻，內地水漲丈餘，縣城傾沒，淹斃人口，漂沒廬舍層極無算，禾稻重種。東門旱城門下，漁舟可以進城。
光緒二年夏，大旱，河底涸露。秋，飛蝗自西北來，西興鄉外沙地，棉花雜糧之葉，被食殆盡。
九年秋，大風拔木偃禾，海水溢，歲歉收。
十三年四月間，堰西江塘決口，長河鄉村大水，三日方退。
十五年八月至十月，霪雨四十七日，田禾霉爛。是年冬，及次年春，官紳籌賑平糶，奉旨蠲卹。
十八年冬，大寒，恆雨雪，河流皆冰，舟楫不通者半月。
二十年冬，大旱，河流多不通舟楫。

宣統元年春、三月二十三日、暴風自西北起、屋瓦飛墜、

二年六月二十八日、颶風狂雨、晝夜不絕、田禾棉花大損、

三年夏六月十七日、颶風大雨、北海塘月華壩相近處、塘幾決口、鄉民報縣、竭力修護、方獲安全、

民國元年大、饑、上年秋花既減、是年春花又減、春夏之交、升米百錢、

二年夏六月大旱、運河舟楫不通、

三年夏大旱、東門至西興運河、乾涸露底、舟楫不通者三月、以上據各鄉報告、

【民國】蕭山縣志稿

彭延慶修　姚瑩俊纂　張宗海續修　楊士龍續纂

民國二十四年（1935）鉛印本

水旱祥異

宋書符瑞志咸康二年四月甘露降永興縣

南齊書祥瑞志建元二年五月白雀見會稽永興縣

宋史五行志太平興國七年虎入蕭山縣民趙馴家害八口補纂

宋史五行志大中祥符五年閏十月蕭山縣芝生李樹上顧沖水利事蹟淳熙七年大旱八年大水

宋史五行志紹熙四年五月蕭山大水壞田稼

宋史五行志紹熙五年七月蕭山大風駕海潮壞塘堤傷田

宋史五行志慶元三年秋蕭山螟

宋史五行志嘉定十五年七月蕭山縣大水時久雨衢婺嚴暴流與江濤合圮田廬害稼

萬歷志咸淳六年大風海溢新林被虐爲甚岸址蕩無存者

宋史度宗本紀咸淳八年八月蕭山大水

元史五行志元統元年三月戊子蕭山大風雨雹拔木仆屋殺麻麥斃傷人民

萬歷志洪武二十一年大風捍海塘壞潮抵於市

洪武三十二年大水江潮壞堤田廬淹沒主簿郎暨增築堤岸四十餘丈

景泰七年五月大水

天順四年四月大水

成化七年風潮大作新林塘壞

弘治八年潮嚙長山堤幾圮太守游興以聞事下參政韓鎬議屬同知羅璞督工築爲
石隄

九年六月山陰蕭山山崩水湧溺死三百餘人

十八年地大震生白毛

正德三年大旱歲饑

七年七月颶風大作海水漲溢頃刻高數丈許瀕塘男女溺死無算居亦無存者

十四年西江塘圮大水饑

十六年二月地大震

嘉靖元年西北塘復圮

六年六月蕭山縣淫雨壞江塘平原成巨浸沿塘民家皆漂沒

八年立秋日蝗飛入境

十八年六月六日西江塘壞縣市可駕巨舟大饑

二十四年大旱斗米一錢六分民多疾疫死者盈路

四藝衙留青日札嘉靖丁未自夏至冬浙江潮汐不至水源乾涸中流可泳而渡舊江

而十八里而今祇一線

留青日札三十年蕭山桃樹生橘田藝衡古曰木生異實主殃傳曰出入不節奪民農

時及有奸謀則木不曲直注云奸謀者謂增賦斂之事時兩浙丈量田土增賦煩民

而吏胥爲奸千里受害也

萬歷志嘉靖三十一年沙岸坍及石塘至三十四年後江潮撼激塘石飄捲漸齧內地

萬歷二年六月某日正午儒學西南溪中水忽沸騰高三丈許俄有物大如荷葉隨風旋轉直上雲宵莫究所歸

十三年五月大雨周老堰潰西江水入城市其勢不減嘉靖中

十四年七月十八日海潮大作洗入沙地千餘丈室廬衝壞者數百間

十五年蕭山自秋雨至冬始晴大饑鹽價頓高往昔十倍

十六年自正月逮五月淫雨麥不登米價騰踴一斗一錢八分丐人死者接踵所在盜起官設粥以賑民競就食多臥於道疫癘大作

十七年六月初九日颶風大作海溢瀕潮灕沒沿江一帶田禾四萬餘畝拔木漂廬舍

二十六年五月居民賈大經宅前忽湧鮮血高丈許巡撫劉元霖以地方異變上聞

紹興府志天啓七年秋冠山之麓曰茅山一夕光氣燭天覘之有一石壁明徹如鏡山

川人物纖微畢照逾月漸晦

舊志崇禎元年七月連雨二十三日颶風大作酉刻海水驟溢從白洋瓜瀝而入漂沒

廬舍田禾淹死人民二十九日復大風雨撫按奏聞蕭山淹死人口共一萬七千二

百餘口老稚婦女不在數内

九年秋潮衝瓜瀝塘壞

十四年四月疫癘大作死者相藉於道五月大旱米每石三兩二錢大麥每石一兩五

錢

十五年五月大水西江塘壞田禾淹沒六月十六日大雨三日江水復進如前重種禾

苗又淹沒撫道道府及山會知縣看塘督修

順治三年五月大旱運河盡成赤地大兵入城士民觸化廿蘇大湍

九年二月十四日四更地震

十一年西江塘圮

康熙三年八月初三日海嘯塘坍二百餘丈田廬漂沒邑令徐則敏於要害處築石塘一百丈

九年二月大雨雪六月水害稼臘月初三日風雪連朝錢塘江船禁渡商旅駢積是日午時人皆爭渡舟子倏滿載開船甫離岸風浪湧至舟覆計溺死者七十五人以數得生者連舟子止三人督撫遣人撈屍給棺覆舟之慘數百年來未有若此之甚者

十五年夏雨浹旬五月十三日西江塘圮水害稼

二十年五月大雨臨浦塘壞楊家閘壞水湧入城市起水數尺田禾再種又被蟲蝕顆粒無收

二十一年五月連雨西江塘潰城市駕舟田禾三種無收

二十二年春疫癘大作死者枕藉

三十五年大有年斗米五分

五十三年西江塘壞江水入城田禾種後復旱歉收

雍正元年旱灾詔蠲免

二年七月中旬海風大發潮衝西興昌黍豊常盛盛六閘蕩地廬舍倒壞花息無收灾詔蠲免并賑恤銀米

七年十一月初十日民高耀妻潘氏一產三男按大清會典一產三男者作為書瑞戶部照例給米五石布十疋其男女並育及一產三女者不書瑞亦不給米布

乾隆六年七月二十三日陡起颶風海潮壞江塘沿田禾河南九鄉田禾亦遭淹沒

七年歲大熟

九年七月初三日徽嚴水發海水上溢河南九鄉田禾被淹水從臨浦河入低田禾苗盡遭淹沒築十二都塘二千五百十七丈

十年歲大熟以上乾隆志

十三年歲大饑草根樹皮掘食將盡地中產土如粉人掘以資生名觀音粉有食之至死者

二十年秋收大歉次年春夏之交米價斗三百錢丐殍載道

二十六年十二月大寒官河皆凍小河冰堅十餘日始解

三十五年七月二十三日颶風大雨海水溢入西興塘至宋家漊八十餘里瀝漲河北海塘大決塘外業沙地者男婦淹斃一萬餘口屍多逆流入內河同日西興三都二圖西江塘亦決淹斃人口漂沒廬舍及殯厝棺木無算內河兩日不能通舟邑令談官詣親勘申詳

四十一年四月十一日起晝夜大雨上江山水暴發聞家堰西江塘決江水徑入內河近塘廬舍頃刻水深丈餘西興地勢頗高平地水深五尺漂沒厝柩無算幸人口無傷同時北海塘亦決水由決口入海至二十日外水勢漸消五月初二日山水又進如前是年豆麥盡遭淹爛春花無收［以上汪輝祖病榻夢痕錄道源田氏譜載丙申四月上江出蛟潮水冲破西江塘至十四日平地水漲三尺合縣漂沒之損計六千數百口俱收葬富家時山內］

四十五年秋大東北風三晝夜北海塘後海塘月華壩坍水驟漲場木飛塞陳公橋中

坍陳公祠幷去橋棵石兩塊現陳公祠改設横街居然內橋棵石尚在河底訪冊

五十六年木棉花歉收每斤價至一百文是年夏西江塘張神殿荷花塘等處塘工直衝盤陷

五十九年夏間米價每斗貴至三百三四十文往時米價至一百五六十文即有餓莩是年人尚樂生蓋上年專貴在米是年則魚蝦蔬果無一不貴故小販村農尚可餬口

嘉慶元年丙辰大寒以上絹楣參瘧錄

嘉慶二年自四月中至六月望前陰雨連綿低田稱後復淹東鄉尤甚過大暑節猶紛紛補種西興沙地全坍漸露塘根望京門外海潮由閘口溢入內河水味當鹹鎖水港適南達四都偏江勢尤危險

三年九月二十四五六日早晚六鬮西興望京門外沙地約漲十餘里視往年較遠舟渡甚近行人便之是年夏秋雨暘時若不料八月朔至七日熱過中伏初八日微雨

次日復炎曦如炙直至二十三日後始漸涼木棉花及田禾皆生蟊賊東鄉尤甚秋成多歉然亦間有大稔者

四年七月初二日暴風從東南來高樹皆折屋瓦飛墜雨雹大如雞卵是歲早晚二穀皆豐登

五年正月大雪積幾四尺

六年七月十五日大雨如注不逾時水溢階除是日上江山水暴漲諸暨山陰蕭山近江田畝被淹西興江水溢入內河北海塘漲倒灌入三江閘曹娥江亦被海水浸入山陰蕭山沙地俱沒於水

八年十一月十七日子丑分暴風烈雨雷作時過長至方七日二十三日夜雨至二十七日甫晴河水漲數尺東鄉低田俱淹

九年元日大風十二日夕雨至十七日朝方蹔消暮復雨十八日後連日雷電時有大風雨至二十四日雨止東鄉低田春花受傷二月十四日上午微雨錢塘江忽漲暗

潮風陡作覆二舟淹斃八十餘人三月二十九日至五月十七日陰雨連綿四十八
日田皆更種

十年自三月初長雨至五月霉後方晴去冬市米石值三千文入春漸貴至夏至每石
四千五六百文官爲平糶於祇園寺設廠給票二十九日鄉民赴寺領票擁斃婦女
六十餘人受傷歸斃者更數十人 以上夢痕錄餘

十九年歲饑縣設四廠以賑之

二十五年自五月望前至七月望大旱河水涸赤七月二十二日落雨颶風內河水漲
六七尺錢江漲水十餘丈南鄉如周家湖苧蘿鄉等處悉遭江水淹沒浙東各州縣
被患者十居七八秋收無望惟西興一帶塘無坍損田不淹沒外江水高十餘丈尚
不溢流 以上訪冊

嘉慶季年邑有青蟲之異能聯捲數苗集作繭處其中久之成小蝶飛去苗亦隨槁王
宗炎立劉猛將軍於岳大橋塑像祀之其患頓息 重論文齋筆錄

道光元年大疫雞翅生爪八月九日江潮盛漲西興自龍口至牛埸湯約五百餘步塘

石衝壞民房坍沒數十間

三年七月大風雨拔木偃禾潮勢尤猛西興沿塘民居衝沒盡成白地

四年正月西興關口石塘潮水衝去石簍二十餘步鎮水菴董家潭塘頭等處塘被衝

坍

十一年夏淫雨壞稼

十二年大旱

十三年自春徂秋淫雨不止歲大荒饑莩載途邑令奉檄賑饑王蓮溪倡議請如嘉慶

十九年故事舊四廠更增一廠米則以錢代之蓋以廠多則人勢分給錢則得食速

當時每廠就賑者近萬人按期散給雖婦稚無遺顛躓者以上訪冊

十七年冬暖霜不見白歲除梅花盡放汎論文齋集錄

十九年初交小雪節邊下大雪七日深四五尺晚稻未收壓在雪下雪消後雀死稻下

及餓死者無算兼有屋壓坍者

二十年冬大雪平地積四五尺流水盡冰市斷行人（以上訪冊）

二十一年三月邑東鄉瘟疫盛行長至前後大雪盈丈爲數十年來所未有（東論文齋筆錄）

二十六年六月地震訛言紙人剪人辮及雞毛事

二十九年閏四月十九日大雨如注夾以山水數日間平地水漲數尺是歲秋又旱荒成災米價每石市錢六千文大錢計五千四百文官吏散荒每人分給錢二十七文其分給處城中在江寺城外南在社壇廟東在百柱廟每人計得米價半升

三十年八月十四日下午西江塘坍洪湖直灌田禾盡淹王蓮溪亟請邑宰開放西興龍口閘使水外洩人始安謐官米每升六十四文

咸豐元年十一月初六日夜地震

二年自六月不雨以至冬令運河自西興至城中可以行路湘湖跨湖橋下見有水潭但田禾有大雨幾次尙不成災冬雪融水舟楫始通

三年三月初九日夜地大震

十一年冬十二月二十七至二十九三晝夜大雪平地陡深六尺路無行人河無行舟水中凝雪結冰厚尺餘湘湖西小江中行人往來如路

同治元年六月初四日西江塘決平地水漲五尺十餘日退

四年五月狂雨連旬二十九日子時長河長興等處西江塘決卯至巳刻內地水漲丈餘縣城俱沒溺斃人口漂沒廬舍居民無算禾稻重種東門旱城門下漁舟尚可進城惟縣署大堂及東裏王月臺尚未起水

十年三月二十二日未時大雨雹大雷電以風東鄉一帶甚者村無完屋

十一年十二月大雪兼旬平地積深五六尺

光緒二年夏大旱河底涸露秋訛言紙人魘人剪辮及雞毛居民徹夜擊鑼聚守又言雞翅生爪食之毒人又有飛蝗自西北來西興一帶沙地棉花雜糧之葉被食殆盡幸亟設法撲滅內地田禾尚無大損

三年六月蝗不害禾稼

九年三月十九日申時大雨雹秋大風拔木偃禾海水溢歲歉收

十三年四月閘堰西江塘決口長興長河鄉大水三日方退

十五年八月至十月淫雨四十七日田禾盡皆淹爛是年冬及次年春官紳籌賑平糶

奉旨蠲卹

十八年冬大寒恆雨雪河流皆冰舟楫不通者半月餘

二十年冬大旱河流多不通舟楫

二十三年冬無雪

二十四年九月二十三日薄暮大通塔坍因久雨四十五日

二十七年六月十一二日大雨雹

三十三年三月杪麥秀時忽起蟲背灰色長寸許口有細絲麥田處處有之多者麥稈俱黑食麥葉及花半月間有大霧一日雨一日蟲俱入土麥皆無恙而反倍收

宣統元年三月二十三日暴風自西北起屋瓦飛墜

二年六月二十八日颶風狂雨自朝至暮牆倒屋圮不計其數田禾棉花多損

三年六月十七日颶風大雨北海塘月華墈相近處塘幾決口鄉民報縣竭力搶護幸獲安全

三年辛亥六月十六日大雨如注達旦不止十七傍晚南鄉洪發十三處片刻之間平地水高四五尺廬舍淹沒塘隄損害者甚夥

志水旱者重民賦所從出也豐年爲瑞妖眚非稔歲所有故祥異附爲六氣告沴有備無患守土者其加意於斯

（清）許瑶光修　（清）吴仰賢等纂

【光緒】嘉興府志

清光緒四年（1878）鴛湖書院刻本

嘉興府志卷三十五

嘉興府知府善化許瑤光重輯

祥異

郡名禾興固以祥著也自漢而後其歷見於五行符瑞志者史不絕書蓋祥異之作以表吉凶此理昭昭不可誣也故裒而書之俾驗人事而逆天庥者知所感召焉志祥異

漢

文帝十二年吳地有馬生角干寶搜神記

建平二年二月彗星出牽牛七十餘日漢書天文志

永建六年十二月壬申客星芒長二尺餘色白在牽牛六度後漢書天文志

三國吳

黃龍三年夏由拳野稻自生册府元龜

赤烏五年三月海鹽黃龍見井中二宋書符瑞志

晉

永興二年白烏見海鹽宋書符瑞志

永嘉五年嘉興張林狗人言曰天下人餓死後兵荒相尋舊浙江通志

大興三年三月海鹽雨雹晉書五行志

隆安五年三月甲寅流星赤色衆多西行經牽牛晉書天文志

太和六年六月吳郡大水稻稼蕩沒黎庶饑饉晉書五行志

宋

元嘉十一年六月海鹽獲白烏以獻宋書符瑞志

二十三年嘉興鹽官野稻自生三十許種冊府元龜

二十四年四月白雀產吳郡鹽官民家太守劉楨以獻宋書符瑞志

齊

永明元年鹽官內樂村木連理

七年六月鹽官縣獲白雀以上南齊書祥瑞志

九年石浦有海魚乘潮來水退不得去長三十餘丈聲如牛 南齊書五行志

唐

武德二年七月戊寅月犯牽牛

永徽三年正月壬戌太白犯牽牛 以上唐書天文志

景雲二年秋秀水新城鎮夜聞異香襲人有聲如冰雹及旦泥沙中多金里人翁嵐因建雨金嶽宮明呂憲有記 劉志

天寶十四載天有聲於浙西 唐書元宗本紀

大曆二年秋浙西水

貞元六年浙西大旱井泉竭

寶歷元年秋浙西旱

太和七年秋浙西水害稼以上唐書五行志

中和二年嘉興馬生角文獻通考

三年三月浙西天鳴聲如轉磨唐書五行志

天復三年浙西大雪平地二尺餘唐書天文志

宋

天禧元年二月兩浙蝗蝻宋史五行志

乾興元年二月湖秀州雨壞民田文獻通考六月秀州湖田生

聖米居民取食宋史五行志

皇祐二年十一月丁酉夜秀州地震有聲自西北起如雷 文獻通考

嘉祐六年兩浙雨爲災

八年三月鹽官縣地產物如珠可食水茱如菌可爲菹饑民賴之 以上宋史五行志伊志 案吳志作熙甯八年誤

熙甯元年秀州蝗 趙圖記

元豐六年正月大雨至六月太湖泛溢蘇湖秀等州城市並遭水浸田不佈種廬舍漂蕩民棄田賣牛散去乞食 宋范祖禹論浙西賑恤狀

八年秀州人家屋瓦上氷紋皆成花以紙搨之無異石刻

元祐五年秀州數千人訴風災吏以爲有訴水旱而無訴風災閉拒不納老幼相踐踏死者十一人以上袁志

八年海溢壞民田

紹聖元年秋湖秀等州海溢壞田以上宋史五行志

四年夏兩浙旱文獻通考

元符二年六月久雨是歲兩浙湖秀等州尤罹水患宋史五行志

崇甯四年九月壬辰日中有黑子是歲秀州水袁志

政和五年八月蘇湖常秀諸郡水災文獻通考

宣和二年秋九月吳志作八月戊午夜秀州語兒鄉雞數十里

同時鳴明年睦賊方臘來寇趙圖記

四年鹽官海溢方勺泊宅編

五年秀州春旱禱精嚴寺觀音有驗

六年秋秀州大水以上袁志

建炎元年秋斗牛間有紫氣十月戊申嘉興縣丞趙子偁生子於官舍紅光燭天後爲孝宗劉志

紹興二年春兩浙饑斗米千錢

四年四月霖雨至於五月浙東西郡縣壞圩田害蠶麥蔬極以上文獻通考

五年閏月朔雨雹雪十月丁未夜秀州大風雷雨雹袁志

二十年十月丁未秀州華亭風雷雨雹激射如箭彈覆舟壞屋是日海鹽縣有巨鰍作聲羣鯢從之偃臥沙壖揚鬐撥刺高齊縣譙其長百丈民臠其肉轉鬬壓死十數人頷骨長二丈五尺十一月戊辰秀州大雨雹

二十四年浙東西旱宋史五行志大饑斗米千錢道殣相望以上趙圖記

二十八年浙東西沿江海郡縣大風水湖秀為甚宋史五行志

二十九年秋旱裴志

三十年秋浙郡國旱十月浙郡國螟螣宋史五行志

三十二年六月浙西大霖雨舊浙江通志

隆興元年浙東西郡國螟害穀八月大風水越蘇湖及崇縣爲甚文獻通考

二年湖秀州大水浸城郭壞廬舍圩田宋史五行志

乾道元年春紹興湖秀州大饑文獻通考

三年八月湖秀州水壞田廬積潦至九月禾稼皆腐

六年五月湖秀州大水冬太平湖秀皆饑

七年秀婺州皆旱

淳熙元年秀州民呂氏氷瓦有紋樓觀車馬人物芙蓉牡丹萱草藤蘿之屬經日不釋以上宋史五行志是年旱嘉興知縣李時習以太平廣記有攪龍事於景德禪院龍潭行

之果得雨劉志

三年八月癸未大雨水壞德勝江漲北新三橋及錢塘仁和田流入湖秀州害稼宋史五行志

五年浙西旱文獻通考七月大風駕潮害稼西園雜記

六年秋溫台湖秀州等皆水壞圩田

七年秀州大旱袁志浙郡縣皆饑

十四年夏五月臨安嚴常湖秀皆旱以上宋史五行志七月秀州饑文獻通考

十五年崇德縣民張氏家麥化爲蝗崇德靳志

紹熙五年春浙東西郡縣自去冬不雨至於夏秋冬無麥

苗浙東西皆饑宋史五行志

慶元二年十一月二十日夜半月出如望太史奏當大稔

其冬無雪明春無雨詔祈禱中夏雨足趙圖記

三年秋婺州山陰蕭山富陽鹽官淳安縣嘉興府皆螟宋史五行志

嘉泰元年浙西郡國洊饑嘉興爲甚文獻通考

二年秀州蝗春旱至於夏秋袁志

開禧元年夏浙東西不雨百餘日宋史五行志

三年夏秋大旱穜稑絕種劉志

嘉定元年夏五月旱大蝗

二年夏四月旱至七月乃雨以上趙圖記

六年六月杭嘉嚴大水舊浙江通志

十二年鹽官海潮衝平野二十餘里

十六年五月浙江淮荆屬郡縣水平江府湖常秀池鄂楚太平州廣德軍爲甚漂民廬害稼圮城郭隄防溺死甚衆

十七年海溢壞堤以上宋史五行志

寶祐三年五月浙東西大水宋史理宗本紀

元

至元七年秀州饑袁志

二十五年三月浙西大水杭秀湖三州壞稼續文獻通考

二十九年嘉興湖州紹興等路水元史五行志

大德五年海鹽大饑人相食西園雜記

六年六月杭州嘉興湖州紹興慶元婺州等郡饑

九年八月東安海鹽等州蝗

十年五月嘉興水害稼以上元史五行志

延祐元年鹽官州海溢壞民居陷地三十餘里袁志

四年崇德州學泮池產瑞蓮一莖二花是年俞鎮鄉舉第一人崇德靳志

泰定元年十二月鹽官州海溢隄壞侵城郭以石囤木櫃

扞之不止

三年鹽官州大風海溢壞隄廣三十餘里袤三十里徙民居以避之

四年正月鹽官州潮水大溢壞隄二千餘步四月又壞隄十九里發丁夫二萬餘人以木柵竹落磚石塞不止

致和元年三月鹽官海隄復壞益發軍民塞之置石囤二十九里

天歷元年八月杭州嘉興湖州水淹沒民田數千頃

至順元年閏七月嘉興湖州二路大水壞田三萬六千六百餘頃以上元史五行志被災者四十萬五百餘戶袁志

二年二月嘉興郡饑（元史五行志）

至正四年郡境產苜蓿

七年冬郡城西有鳥數千營巢於地圍八尺崇五尺晝夜不休若有程督之者已而大盜蜂起江淮驛騷詔州郡築城自嘉興始（以上趙鳳記）

十一年嘉興儒學閽人陶氏磨木肘發青條開白花（浙江通志）

十五年七月檇李城東馬橋有白龍挂盲風怪雨天昏黑加深夜大木盡拔壞民居百餘所（續文獻通考）龍過北麗橋入太湖去後值苗軍亂龍所過處悉爲蓁莽（輟耕錄）

十六年正月嘉興楓涇鎮戴君實門首柳樹若牛吼寒食日海鹽趙初心率子姪掃墓間柏樹作老鶴戛戛聲明年苗軍亂郡遣兵殺二家皆遇禍劉志

十七年三月日晡時天昏黄若霾霧有兩日交鬬開且合者千百遍海鹽圖經

十九年海鹽屠人張氏猪腸迸地蜿蜒如蛇走一里許遇海而止趙圖記

明

洪武四年嘉興縣崇元道院產靈芝趙圖記

六年五月嘉興雨雹

七年五月十九日嘉興縣民李甲妻一產三男以上袁志

八年嘉興蘇湖松江杭州俱水明史五行志

九年水

十三年嘉禾大疫以上袁志

十九年四月乙亥熒惑留斗宿七月辛巳八月丙戌熒惑皆犯斗宿明史

二十二年六月辛巳彗星現紫微俱在牛度九十分有白光長丈餘自東南指西北行袁志

二十三年七月海溢松江海鹽溺死竈丁各二萬餘人湧幢小品

永樂元年水袁志

二年六月蘇松嘉湖俱水饑明史五行志

三年水袁志

四年夏水民饑袁志七月海鹽縣霖雨風潮決隄明史

洪熙元年夏蘇松嘉湖積雨傷稼明史五行志

宣德九年大水無秋袁志

十年秋大風潮暴湧海岸盡崩海鹽圖經

正統七年大水明史五行志

八年八月大風雨害稼袁志

九年嘉興湖州台州俱大水明史五行志嘉興湖州江湖泛溢

隄防衝決渰沒禾稼明英宗實錄

十一年五月大水

十四年夏大水以上袁志

景泰元年正月大雪二旬不止間有黑花凝積丈許民多饑死鳥雀幾盡夏霪雨傷稼大饑趙圖記

二年夏旱道殣相望袁志

五年杭嘉湖大雨傷苗六旬不止明史五行志二月大雪四十日覆壓民廬溪蕩皆氷

六年大疫死者相枕藉

天順元年大旱運河竭以上趙圖記七月杭州嘉興蝗明史五行志

二年海鹽海溢溺死男女萬餘人趙圖記

四年杭州嘉興湖州甯波等郡四五月陰雨連綿江湖泛溢麥禾俱傷明史

成化二年海溢大水敗稼

三年海溢溺萬人以上吳志

六年正月大水無麥五月大水傷禾袁志

七年閏九月杭嘉湖紹四府俱海溢淹田宅人畜無算明史五行志

九年四月嘉興湖州水災明史秋八月嘉禾生趙圖記

十二年九月二十九日地震十二月氷凝踰月舟楫不通

袁志

十三年正月震雷大雪海鹽海溢溺居民

十四年八月二十日夜嘉興南方有聲如運磨達旦十二月龍現於南方以十數

十五年九月二十日地震自申至酉始定以上趙圖記

十七年夏旱秋大水害禾袁志

十八年春大水民饑趙圖記

二十一年嘉善民鄒亮妻初乳生三子再乳生四子三乳生六子明史五行志

二十二年春黑眚見月餘始熄

二十三年秋大旱禾盡槁

宏治元年十二月夜虹現大雷電雨冰四日

二年夏秀州儒學後圃產靈芝連莖並蒂玉尖紫色以上趙圖記

四年夏六月大水傷禾

五年五月大水民多流移大疫

七年五月大雨水漲秋水渰田禾以上袁志嘉禾橫塘有杭人李碩妻臨產腹欲裂生一龍而手足則人七修類稿

八年蘇松嘉湖四府饑明史五行志

十一年郡境河港池井皆騰沸高二三尺有至丈許者至

蓉始平

十二年六月旱十六日諸河小魚皆浮兩岸至暮方散

十四年十一月恆寒氷堅半月河蕩皆可徒行以上袁志

十八年九月十八日夜地大震久之屋瓦皆鳴次日地見白毛劉志

十九年蝗蔽天稻如翦續澉水志

正德二年十月十一日小雪節疾雷震天電火迅發二十八日有虹見雷大發聲是冬桃李花蜂蝶集

三年六月雨雹以上袁志

四年七月七日驟雨如注至十月不霽禾腐爛民大饑

五年五月大水害稼民饑流移者半冬十月梧桐鄉有虎入縣境居民驚怖縣令張紘爲文遣之虎不復見以上劉志

六年五月大疫死者相枕藉趙圖記

七年嘉興金華温州台衢紹六府乏食明史五行志四月胥山鄉麥秀兩歧袁志

八年十二月五日崇德縣霜凝樹枝狀如垂露味甘如飴劉志

九年七月崇德縣蝗不害稼已而嘉禾生有一本數穗者

十年六月十八日夜暴雨水漲頃刻丈許淹民居害稼以上

趙圖記

十一年秋冬旱袁志

十二年蘇松常鎮嘉湖大雨殺麥禾明史五行志二月二十三日雷電雨雹小者如彈丸大者如馬首傷麥十一月雷震大雪至十二月乃止

十三年正月十六日天色昏晦十七日寅刻月食比旦天復昏暗至未申時日光相盪與月色皆如臙脂雨黄沙

十八日大雪夏秋大水

十四年夏旱秋大水禾爛

十六年秋冬旱

嘉靖元年七月二十五日自辰至酉大風拔木壞廬舍太湖水溢丈餘沒田禾 以上袁志

二年春夏大饑任山家產羊六角

三年二月十五日夜地震夏秋米騰貴九月十四日雷雨雹是年魏塘民家有母雞抱卵忽化爲雄毛羽爛然遂棄其卵

四年秋蟊蟲食禾根 以上劉志

六年三月海鹽有大魚乘潮來潮退陷於沮洳長十七丈高二丈餘口廣半之脣綠無鱗有長鬣甚勁海民競刲其肉聲如虎哮蓋海鰍也 海鹽仇志

七月十一月十二日夜地震袁志是年胥五都民家母彘産一豕身面如人惟四足類豕魏塘民家産一豕亦人足遷西區民家產一羔三足前二後一嘉善于志

八年秋蝗不傷禾大水傷稼袁志

十二年十月八日四更星隕唧唧有聲俄隕如雨

十三年夏旱秋大水傷稼

十六年夏大水民多饑死以上劉志

十八年夏飛蝗蔽日蟲蝨害稼有全畝不吐花而幹縮者鄉農謂之蹲稻嘉善于志是年七月十日雷雨雹未旬有星晝見日旁九月八日西塘民家生子僅二月忽作言索

食尋死十五日大霧日高丈許黑日食之幾盡

十九年春大饑雜草芽木皮爲食婦女多鬻於外境六月
八日晡時飛蝗蔽天所集處蘆葦竹葉無遺以上劉志

二十年五月大雨連日蝗赴水死袁志

二十一年七月朔日食既晝晦星見九月四日霜降是夕
雷雹交作如方春時

二十二年夏霪雨秋大水傷稼大饑以上劉志

二十三年熒惑犯南斗夏秋大旱禾稼不登袁志

二十四年杭嘉湖三府旱明史五行志十二月二十日日輪外
有黑氣如盤與日往來摩盪者七日袁志

二十五年夏疫尸浮河者不可勝計劉志

二十六年秋冬旱自二十三年至是年春冬皆無雨雪嘉善于志

二十七年正月二十六日有虎入海鹽至劉家墳莫知所往海鹽仇志夏旱十一月十一日丑時雷電大雨虹見袁志

二十八年夏大水傷稼

二十九年三月二十一日午刻大風揚沙雨黑霾者三日李樹生王瓜諺云李樹生王瓜百姓無人家已而倭亂

三十一年二月晝望見秦駐山軍馬縱橫金戈閃爍迫而視之無有也至八月亦然海上見之尤明如是數次秋

沐日晡時西方有赤氣亘天至暝不散如是百餘日明

年倭亂

三十三年九月八日未申時天有青紫黑色如日狀者數十與日相盪俄而數百千萬彌天者半逾時向西北散去以上劉志　是歲有大魚浮海至乍浦身高於城數日不去巡按胡宗憲爲文祭之遂乘潮逝平湖程志

三十四年春嘉興縣白鵲生平湖縣地生白毛又有黑者形如亂髮劉志　十月二十日天鼓鳴於西北袁志

三十九年四月嘉興湖州地震屋廬摇動如帆河水撞激魚皆躍起續文獻通考

四十年西門外王四家有血從地濺起井水俱赤四月七日雨水雹閏五月霪雨大水壞田禾至十一月水弗退民大饑

四十一年三月十二日有黃白二龍合股由太湖而來一青龍隨之自陡門至硤石東南入海屋宇傷者千數隨雨雹以上劉志

四十二年四月海鹽有海馬萬數沿海行二十餘里其一最巨高如樓明史五行志復入海響振非常海鹽圖經

四十三年七月十七十八日太白晝見十一月十一日戊時雷電大震龍見十二月朔雷鳴夜大風八日狂風終

日拔木揚沙舟楫不行袁志

四十四年嘉興縣羊產女劉志

四十五年十一月十五日四更有大星夜隕羣星數百隨之袁志

隆慶元年三月崇德鄉甘露降石門鄭志

二年元旦大風飛沙白晝晦冥

三年五月大雨十一月二十日地震

六年嘉興縣嘉禾生以上袁志伊志案省志作七年誤

萬歷元年海鹽縣有烏自東來巨如舟翅如車輪翹首掉尾空中作風雨聲袁志海大溢死者數千人

三年六月杭嘉甯紹四府海湧數丈沒戰船廬舍人畜不計其數以上明史五行志是年五月三十日夜大風海潮湧入海鹽城平地水深三尺德政海鹽甘泉三鄉水丈餘人民廬舍漂沒數萬大饑海鹽圖經

五年九月二十七日彗星見西方光芒竟天月餘始滅袁志

六年正月六日夜有大星如日西移衆星隨之秋蝨害稼嘉興湯志

七年四月大水十二月冬至前一日大雷虹見袁志

九年嘉興湖州大水浙江通志

十年四月二十六日黑霓自坤至艮七月十三日十四日

大風雨拔木湖水嘯湧嘉興湯志

十一年夏旱

十三年秋大水

十四年秋大水害稼以上袁志

十五年五月浙江大水杭嘉湖應天太平五府江湖泛溢平地水深丈餘七月中颶風大作環數百里一望成湖明史五行志

秀水思賢鄉有大鳥人頭鳥身頦下有白鬚集於樹竟日是年水災秀水李志

秋有龍起於城西河畔三塔寺塔上鐵頂各重數千觔一時吸去三十里外置之陡門嘉興湯志

十六年大水復大疫米石一兩八錢餓殍盈野七月地震平湖縣有白龍騰海上紅光半天修撰沈懋孝見龍首半垂兩角間有金冠紫衣之神仗劍而立長尺餘龍吐鬚下珠光團圞大如斗袁志

十七年浙江海沸嘉屬縣廨宇多圮明史五行志夏大旱民食樹皮疫死者無算八月己卯海鹽見紅光一道地震有聲海鹽圖經

十九年秋大水袁志

二十年正月十九日旱地震嘉興湯志

二十二年元旦雷雨六月十日崇德龍見是歲春夜平湖

遍野皆火人聲喧雜月餘乃息有大星隕於新倉化爲石聲聞數十里

二十三年元旦雷春大雪匝月鳥雀多死十二月地震以上袁志

二十四年杭嘉湖三府五月不雨至七月八日雨如注狂風交作經數日夜不息山洪暴發廬舍傾圮圩岸崩頽郊原皆成巨浸續文獻通考

二十五年二月二日雨黑水

二十六年冬大雷以上袁志

二十七年五月二十五日怪風拔木嘉興湯志

二十八年十二月運河氷袁志

二十九年春夏蘇松嘉湖霪雨傷麥明史五行志平湖南門人獲白龜有角又一鼈背紋成字平湖程志

三十一年秋瘧疫盛行腹腫則死

三十二年十一月九日地震

三十三年六月大旱

三十四年夏大旱傷稼以上袁志平湖學宮前平地湧出醴泉清芬不竭平湖程志

三十五年四月四日有黑光如日數十與日相盪六月十九日坤方大星飛至乾方墜是歲大有年袁志平湖有三

虎不知從何來居高宮山之坳平湖朱志

三十六年五月二十四日黑赤光與日鬬者數合二十七日黑赤日復鬬大雨浸淫累月不止

三十九年六月十三日夜東塔放金光若流星四散以上袁志

四十年夏大疫嘉興湯志

四十一年秋旱袁志

四十四年十二月七日天鼓鳴以上袁志嘉善慈雲寺殿產芝三本是科錢士升狀元及第嘉善楊志海鹽西郊起蜃從小柵橋出水涌丈餘海鹽圖經

四十六年十月夜東北方有白光一道直衝西南亘數十

丈形如劍經天明方隱如是經月袁志

四十八年十一月十六日月食既昏黑踰時嘉興湯志

天啟元年夏熒惑直據南斗中光燄噴射

二年二月二十四日飛沙蔽天聚成堆其氣腥日出無色

以上袁志

三年十二月二十二日申刻地大震生白毛數日宣公橋大火嘉興湯志

四年正月十一日雨色黑是年大水二月十六日夜戌時月食十分二秒凡三四刻方吐光三月各村夜半見空中火光若甲馬馳驟隱隱有戈戟聲袁志冬平湖南城彭

娃殺雞腹中有如人頭者口鼻宛然平湖程志

五年旱傷稼八月一日白晝星見日旁

六年七月一日大風拔木霪雨如注室廬俱害雨晝夜方息以上袁志八月海潮溢自海衛入一夕水漲三尺餘河流皆鹽汲井池以飲張楊園文集桐鄉災異記

七年彗星見十二月十四日大雪至二十七日止嘉興何志

崇禎元年七月壬午杭嘉紹三府海嘯壞民居數萬間溺數萬人明史五行志郡學前夜靜有甲馬聲嘉興何志

四年三月太微垣有星大如月磨盪不定又有飛星自南而北長一二丈若爆分爲東西長四五尺數時乃滅袁志

是冬有虎自平湖至營兵捕之傷數人至十八里橋獲之以獻 嘉興湯志

五年杭嘉湖三府自八月至十月七旬不雨 明史五行志 十月二十七日埃霧四塞日赤無光十一月十四日酉刻有黑氣如虹自坤達艮長竟天數刻始盡 袁志 嘉善有虎入南鄉噬禾稼爲農人所斃 嘉善楊志

六年六月二十五日龍見風大作發屋拔木石牌坊表飛去數武覆舟無數蟊傷稼

七年秋蟊作

八年二月朔日出無光秋蟊

九年大有年六月五日太白晝見以上袁志

十一年春每日將暮有火數萬大如瓜小如卵空行有聲如暴風雨去地丈餘着物不焦自邑西南境歷城郭越運河爐鎮而東北不知所止張楊園文集 桐鄉災異記

十二年五月六日大雨連日夜十有三日平地水溢數尺舟行於陸張楊園文集 夏六月飛蝗蔽天十二月九日午刻東方異雲如黛秀水任志

十三年大水七月旱蝗袁志 海鹽有虎入藍田廟海鹽圖經

十四年春正月二十六日夜大雨城裂三月三日雨沙竟日六月二十九日飛蝗滿天食禾殆盡袁志

十五年大饑斗米四錢人食草木路殍相望袁志思賢鄉有異鳥集樹人頭鳥身竟日飛去嘉興何志

十六年十一月十四日夜城哭袁志

國朝

順治三年冬至前三日鳳凰自海鹽至海甯向西北去萬鳥隨之蕭林雜俎

八年自春至夏大雨斗米四錢五分

九年夏大旱

十年七月大水以上袁志

十一年七月石門學泮池並頭蓮生是科鍾朗鄉薦第一

石門鄉志冬大雪十日不解

十二年六月大水以上袁志

康熙元年大旱七月二十九日二龍起海中赤龍在前青龍在後鱗甲火發自龍君祠北登岸過柴家埭倒屋百餘間海鹽續圖經

三年七月五日颶風作拔木飛瓦

四年冬十月十二日卯時星隕如雨

六年正月二十五日至二十八日夜長星竟天六月十七日戌時地震越三日地生白毛太白晝見

七年十月二十日雨水

八年四月二十四日雨浹三旬田禾盡沒六月十一日烈風霾雨晝夜不息壞民舍

九年六月大旱饑

十年八月大雨蝝食稻以上袁志

十一年七月飛蝗自西北來食草根木葉殆盡獨不食稻農人歡呼目爲瑞蟲嘉興何志

十二年大有年斗米四分嘉興楊志

十八年十一月朔彗星起西方色蒼白漸長占吳越有眚袁志

十九年雅山裂石起蛟大雨水溢平湖朱志

二十一年秋七月秀水縣治沼中生並蔕蓮數莖是年大稔秀水任志

二十七年六月十八日未時日旁有五色雲環繞俄頃即散遠近喧傳日華平湖朱志

二十九年秋八月十三日秀城北水天庵前水面現五色文自辰至午觀者甚衆吴志

三十一年正月二日嘉善縣甘露降嘉善戈志

三十二年自春至秋大旱禾盡槁

三十五年七月二十三日颶風作飛瓦拔木

四十六年夏六月大旱

四十七年五月大雨三日水溢田禾盡淹以上吳志

四十八年禾中洊饑多疫疾

五十四年八月秀水思賢鄉甘露降禾生雙穗歲大有桐

鄉玉溪東北禾生雙穗

五十五年五月霪雨苗腐

六十一年旱疫大饑

雍正元年秋旱民饑以上伊志

二年夏旱七月十八十九日大風雨海鹽海溢塘圮浙江通志

平湖同時被水平湖王志

四年八月初旬杭嘉湖三府大雨浙江通志

五年大有年嘉禾生伊志穀有一莖兩穗三穗者平湖王志

七年正月二十二日嘉善甘露降嘉善戈志

八年雨水害稼伊志三月嘉善清水兜醴泉出嘉善戈志十一月二十八日地震

九年秋蟊傷稼以上伊志

十年七月蟊復傷稼平湖王志

十一年雨雹傷麥伊志

乾隆元年冬有異鳥百數如鶖自平湖至海鹽平湖王志

二年九月二十六日平湖新倉監生徐士穀妻張氏一產三男平湖王志

三年三月十二日秀水村民葛漢文妻徐氏一產三男伊志

九年大有年伊志

十年除夕嘉善縣甘露降伊志

十三年五月亢旱米價騰貴平湖王志

十六年秋九月二十七日雨雹

十七年四月初四日卯時地震

十九年八月十三日大風雨雷電交作水淹禾稼

二十年夏大旱河竭海鹽有虎自海上來至蓮社庵斃之

冬十二月初二日地震是歲禾將實蟲傷禾稼毘連數郡

二十一年春夏大饑米價踴貴疫氣盛行

二十二年二月雹不爲災

二十三年六月秀水新塍鎮馮姓家手植盆荷開六花皆紅白中分

二十四年秋螟傷稼

二十六年三月十一日地震有聲

二十七年七月十三日海鹽潮溢塘圮水入城三四尺漂溺民居

二十八年元旦日月合璧

二十九年正月五日亥時地震屋瓦有聲

三十年秋蝱傷稼

三十二年海鹽有鼠鳳乘潮至漁戶獲以獻縣

三十三年夏旱嘉善西北區麥秀兩歧以上伊志

三十七年八月十一日大雨自辰至午水驟長丈餘

三十八年七月二十二日大風雨有物自空中東南來穿城逦西北去所過發屋拔木以上平湖王志

三十九年大有年

四十三年春無麥夏大旱冬暖桃李俱華

四十六年正月八日嘉善甘露降以上伊志六月十八日颶風陡作大雨竟夜海潮逾入湖漂蕩民居無算平湖王志

五十年大旱歉收伊志支河义港皆涸

五十一年米價騰貴

五十二年大有年桐鄉縣治東南數里禾有一莖兩穗至四五穗者

五十四年春三月十七日地震自北而南夏四月大雨雹傷麥

五十六年夏霪雨四旬

五十八年正月至四月恒雨七月七日海鹽潮溢壞民居

五十九年正月海鹽甘露降嘉興生員錢濤履家產芝之三本

嘉慶元年正月九日大風雪寒甚氷凝不解秋大有年

二年夏闔郡麥大熟海鹽祿里山下產瑞麥一莖二穗山下趙氏至今有櫝藏之者

三年大有年海鹽通元里復產瑞麥里人胡氏藏之十月二十八日夜衆星交流如織以上伊志

四年秋大有年

五年春正月十六日大雪平地三尺餘

六年春正月十一日海潮一日三至

七年秋大有年嘉興里仁鄉產嘉禾一莖數穗冬十二月中旬平湖雅山有虎鄉民斃之

八年秋八月螟（以上于志）

九年夏五月霪雨苗壞大暑後種秋有年産嘉禾多三穗者（乍浦備志）

十年三月恒雨傷麥

十三年五月大雨水

十四年大有年

十六年秋七月長星見

十七年春霪雨傷麥秋有年

十九年夏大旱米貴（斗米五百餘錢）饑

二十年夏麥大熟秋大有年

二十四年夏四月十日戌時平湖雨雹麥無損傷六月天旱

二十五年冬時疫流行

道光元年夏四月朔日卯時日月合璧五星聯珠

二年夏旱六月十一日乍浦南門外木場火災延燒兩晝夜

三年大雨水災以上于志

七年六月二十八日夜有星隕平湖城中韓家帶李氏庭紅光閃爍當湖外志

十一年大雨水歉收

十二年旱

十八年大有年

十九年秋九月六日地微震以上于志

二十一年十月田禾未舉收有似野鴨者千萬成羣自北而南偶下一集田中子無遺穗當湖外志十一月大雪高積丈許壓圮屋宇傷人甚多冷廬雜識

二十六年三月二十三日平湖海濱來一大魚其聲如牛長六丈七尺徑一丈四尺高一丈六尺闊六尺七寸爲人斲剸而盡夏平湖人家畜雞多被妖人翦羽且翦人辮八月朔平湖城來鶬鳥無數初四日城鳴如鳥啾啾

不已（當湖外志）

二十九年大水禾田淹沒無存（新塍瑣志）

咸豐元年元旦平湖河干有物蠕動自東而西形類馬蝗而狹腹旁足極多其行也頭下尾上

三年三月初七夜地震後屢震不已平湖南網船浜農家忽見赤點如灑血

五年十一月十九日平湖新倉黃姓一產四女一男（以上當湖外志）

六年夏大旱地生白毛（新塍瑣志）六月平湖金山門一魚死海濱取得一齒形如鉤重十三觔又廣陳民家彘產一豕

八足宮湖外志

八年秋地震雪門詩鈔嘉興縣學宮柏樹枝葉拳曲成毬是秋

徐錦發解新纂

十年夏一大星自西北移入東南隆隆有聲光如匹練橫

亙天際片時始滅九月桃李花

十一年秋平湖有鯉魚數十頭從空中飛過冬有驪龍與

白龍鬬於海以上當湖外志

同治三年六月十二日大風拔木雪門詩鈔

四年秀水新塍陳姓婦產四鼠新塍瑣志秋田青蟲似蠶喙黑

卷葉作網蓋塍屬也雪門詩鈔

六年二月平湖有鬼燐無數自東而西有刀槍旗幟人馬之影當湖外志

九年四月十三日大風毀屋雪門詩鈔黃山之東劚得一物形如小犬其聲似豬目尚未開述異記云此物名媪又名犢弗迷在地中食死人腦以柏葉鞭之立死當湖外志

十一年三月十一日大雨雹大者十七觔八月十九日地震由西而東雪門詩鈔十二月初五日狂風大作平湖新倉有米船三被風揭在田中又平湖亭子橋一龜兩頭乍浦一犬六足當湖外志

十二年九月田生蟲食根象黑蟻蜂腰六足有鬚蓋蟊類

也詩鈔雪門

光緒二年夏有妖人翦辮或翦衣角并訛言有妖魘人七月有星晝見於鶉火之次

三年五月二十三日大風後海鹽潮水不至者數日秋有蝗入境以上新纂

(清)趙惟崳修　(清)石中玉、吴受福纂

【光緒】嘉興縣志

清光緒三十四年(1908)刻本

祥異

三國吳黃龍三年夏由拳野稻自生改爲禾興縣三國志

晉永嘉五年嘉興張林家有狗忽作人言云天下人饑死後兵荒相尋搜神記

宋元嘉二十三年嘉興野稻自生冊府元龜

唐中和二年嘉興馬生角文獻通考

宋建炎元年秋斗牛間有紫氣十月戊申嘉興丞趙子偁生子于官舍虹光燭天後爲孝宗至元志

淳熙元年嘉興呂氏冰瓦有文樓觀車馬人物並蒂芙蓉重萼牡丹長春萱草經日不釋互見橋梁是年大旱知縣李時習

知龍潭在景德禪院前遂以太平廣記載南中攬龍事請于知州張元成行之果得雨湯志

慶元元年十一月二十夜半三更後月出時嘉興人見其團圓如望夕太史奏爲上瑞其地當十年大稔夷堅志

元大德十年嘉興水害稼元史五行志補纂

至正七年丁亥十二月朔旦虹見於西北竟天至東南少頃徹雨是歲九月二十四日至十月初一日驟雨雷電大作初二日大風極冷而止變在嘉興城中未知他郡同否楊瑀山居新語

戊子小寒後七日卽十二月望申正刻四黑龍降於南方雲

中少頃又一龍降於東南方良久而沒俱在嘉興城中見之（同上補纂）

十一年嘉興儒學閽人陶氏磨木肘忽發青條開白花（輟耕錄）補纂

十五年七月三日嘉興城東馬橋白龍掛盲風怪雨黑闇若夜壞民居五百餘所大木盡拔自半空墜折爲兩從城北麗橋望太湖而去明年苗軍亂凡龍所過處悉爲榛莽（輟耕錄）

己亥秋九月晦余曉詣嘉禾時曉星猶在樹杪忽西南天裂數十百丈光燄如猛火照徹原野一時村犬皆吠宿鳥飛

嗚余諦觀其裂處蝡蝡而動中復大明若金融於治鑄者少時方合操舟者謂余曰此天開眼也姚桐壽樂郊私語

明洪武四年嘉興縣崇元道院產靈芝趙圖記補纂

六年五月嘉興雨雹鼓志

七年五月嘉興縣民李甲妻一產三男同上

景泰元年正月大雪積至丈許後雨黑雪乃止夏淫雨傷稼大饑趙圖記

五年二月大雪四十日覆壓民居諸港冰結舟楫不通入夏大水漂沒田廬湯志

成化十二年九月二十九日地震十二月冰凝踰月舟楫不

袁通志

十四年八月二十日夜嘉興南方有聲如運磨遠且十二月龍現於南方以十數

十五年九月二十日地震自申至酉始定以上趙圖記

二十三年秋大旱河底龜坼禾盡槁自六月不雨至於八月谿港皆不通舟楫同上

宏治七年嘉禾橫塘有杭人李碩妻臨產腹欲裂生一鼈而手足則人七修類稿補纂

十一年六月十一日未時河水忽泛溢高二三丈澄海寧波門外高一丈餘城內河港潭池井皆然至暮始平湯志

十四年十一月恆寒冰堅半月河蕩皆可徒行袁志

十八年九月十三日夜地大震屋瓦皆鳴次日地見白毛劉志

案何志誤作正德元年

正德二年十月十一日小雪節疾雷震天電火迅發二十八日有虹見雷大發聲是冬桃李華蜂蜨集袁志

四年七月七日驟雨如注至十月不霽禾腐爛民大飢劉志

七年四月胥山鄉麥秀兩歧袁志補纂

嘉靖三年二月十五日夜地震劉志

七年十一月十二日夜地震袁志

十年六月十八日夜暴雨水漲頃刻丈許淹民居害稼趙圖記

三十四年春嘉興縣白鵲生劉志
三十九年十二月二十八日夜東塔見瑞湯志
四十四年嘉興縣羊產女劉志
隆慶三年十一月二十日地震袁志
六年嘉興縣嘉禾生袁志
萬歷己酉六月望日慶雲見於禾郡藻繪滿天五色具備照映草木悉成霞章踰時方散桐葉偶書
十年四月二十六日黑霓自坤至艮七月十三日十四日大風雨拔木湖水𣶂湧湯志
二十年正月十九日早地震同上

二十三年十二月地震袁志

三十二年十一月九日地震袁志

三十九年六月十三日夜東塔放金色光若流星四散湯志

天啟三年十二月二十二日申刻地大震生白毛數日宣公橋大火同上

七年十二月十四日大雪至二十七日止何志

崇禎五年冬有虎自漢塘西來至十八里橋官兵捕之鬭傷三人同上

十年五月朔日夜熒惑與日同參九度是歲郡城多火災九月十九日城南樓燬何志

十一年春熒惑在大火四月十六日夜將旦火星逆行尾八度爲日所掩自春夏至秋熒惑守尾凡一百五十餘日而沒是月二十二日嘉興文廟燬九月十九日西城樓燬與十年南城樓燬月日相符同上

十四年正月二十六日夜大雨城震如裂有聲六月蝗食禾殆盡民饑死至鬻人肉以市盜賊橫行何志

十六年十一月十四日夜城哭袁志補纂

國朝順治八年春夏大雨水斗米四錢五分袁志

康熙三年七月五日颶風作拔木飛瓦同上

六年六月十七日戌時地震越三日地生白毛袁志

八年四月二十四日雨浹三旬田禾盡沒六月十一日烈風

　淫雨雨晝夜不息壞民舍同上

十一年七月飛蝗西北來食草根木葉殆盡獨不食稻何志

十二年大有年斗米四分湯志

三十五年七月二十二日颶風拔樹壞民居壓傷甚衆吳志

四十六年歲大旱趙學昌竹村偶誌　補纂　按吳志載是年夏六月歲大旱

四十七年夏五月大雨水漲田禾盡淹吳志

　雍正元年秋旱饑

五年大有年以上司志

七年嘉興府知府閻堯熙據嘉興縣轉據耆民稱正月二十

二日卯辰二時天降甘露遍結樹枝葦竹之上萬民共覩

形若凝脂味如飴美雍正硃批蔡仕舢摺補纂

八年十一月二十八日地震伊志

乾隆九年秋大有年伊志

十七年四月初四日卯時地震伊志

二十年秋九月禾將實以風潮蒸溼蟊螣嚙禾根毗連數郡司志

是年冬十二月初二日地震伊志

二十六年三月十一日地震有聲伊志

二十九年正月五日亥時地震屋瓦有聲同上

三十九年大有年同上

四十六年六月十九日大風雨張廷濟竹田樂府補纂

五十二年大有年同上

五十四年三月十七日地震同上

五十九年正月嘉興生員錢清履家產芝三本

嘉慶元年正月大風雪寒甚秋大有年

二年麥大熟

三年秋大有年冬十月二十八日夜衆星交流如織

四年秋大有年于志

七年里仁鄉產嘉禾一莖數穗司志　是年秋大有年于志

十四年大有年

二十年夏麥大熟秋大有年于志

道光三年大雨水災于志

十八年大有年于志

十九年九月六日地微震于志

二十九年大雨水田禾淹沒

咸豐六年夏大旱

八年秋地震嘉興縣學宮柏樹枝葉拳曲成球是秋徐錦發

解

同治三年六月十二日大風拔木

四年秋田青蟲似蠶喙黑卷葉作網蓋螣屬也

九年四月十三日大風毀屋

十一年三月十一日大雨雹大者十七斤八月十九日地震

十二年九月田生蟲食根象黑蟻蜂腰六足有鬚蓋蟊類也

光緒二年夏有妖人剪辮或剪衣角并訛言有妖魘人以上許志

八年五月二十三日大風雨秋雨水成災緩徵發賑

十五年秋蛟水陡發霪雨歷四十晝夜田禾淹沒西南鄉盡成澤國闔屬停漕發賑以上新纂

續祥異

光緒二十六年二月十四日時加巳有黑氛自西北來俄而竟天不雨不風白晝若昏夜行道之人皆駭走市肆或然燭屛息以俟移時始散未幾而京師拳匪禍作

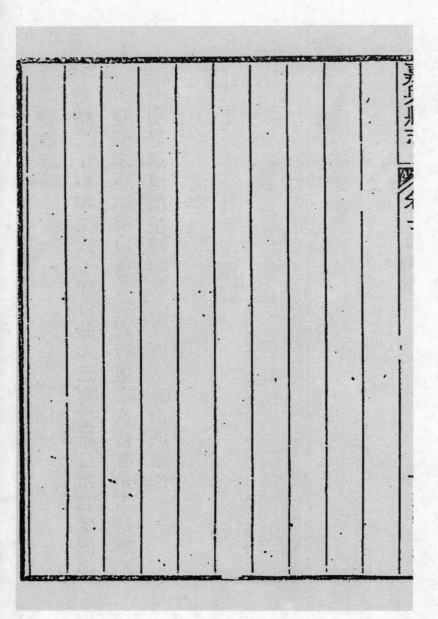

（明）李培修　（明）黄洪憲等纂

【萬曆】秀水縣志

民國十四年（1925）金蓉鏡校補鉛印本

秀水縣志卷之十 以下原闕二葉

祥異

周敬王二十六年越王句踐敗吳于檇李

漢文帝十二年由拳馬生角

三國吳黃龍三年由拳野穀生改爲禾興縣

五年嘉興犬禍作人言云天下人餓死

中和壬寅二月有馬生角

唐乾符己亥黃巢之亂豪傑起義兵保鄉井後遭兵火民居無遺

宋乾興壬戌大水壞民田

天聖元年癸亥饑六月隴畝產聖米饑民取食

慶歷戊子十一月丁酉夜地震有聲如雷自西北起

熙甯元年戊申蝗

紹聖甲戌秋大風海溢壞民田 以上據康熙秀水縣志補

秀州大饑殍徙無算○丁亥秋八月秀州大水壞民田廬積潦至於九月禾不登○六年五月秀州大水城市有深丈餘者歲饑○建炎丁未十一月二十一日紅光燭天時孝宗生於興聖寺○淳熙初秀州呂氏家冰瓦有文樓觀車馬人物並蒂芙蓉重英牡丹長春萱草藤蘿經日不釋○六年夏秀州水壞圩田溺死人○七年秀州大旱○十四年五月秀州旱饑有流徙者○紹熙甲寅秋七月乙亥秀州大風害稼饑○五年秀州大旱○慶元丙辰十月二十日月出如望○三年螟○壬戌春旱至夏○嘉泰二年蝗○乙丑夏旱○丁卯夏秋大旱穜稑絕種○開禧戊辰夏五月旱蝗○己巳夏四月旱至七月乃雨○癸未夏五月秀州大水○景炎辛酉秋七月大水至冬十月○元大德乙巳蝗○至

順庚午自夏至秋恆雨閏七月甲申大雨烈風○丁亥郡城西有鳥數千營巢於地圜匝如城○辛卯陶氏磨上木生青條白花○乙未秋七月三日白龍見郡城東馬橋大風雨盡毀壞民居五百餘所大木盡飛入空中折墜數里內水皆人立後龍過北麗橋入太湖嵛軍之亂龍所經處悉爲瀦莽○洪武初靈芝生於崇玄道院因建玄瑞堂○二十二年六月辛巳彗星見紫微側在牛度九十分色白光約長丈餘東南指西北行戊子彗光掃上宰七月乙卯滅○景泰庚午正月大雪浹二旬間有黑花積丈許民多餓死鳥雀幾盡復霪雨傷稼大饑○辛未夏旱大饑米斗百錢道殣相望○甲戌春二月大雪四十日覆壓民廬溪湖皆冰○乙亥大疫死者相枕籍○天順元年秋八月蝗○丁丑大旱運河竭○成化癸巳秋八月嘉禾生郡人范俊一莖獻於府每莖離根二節節間傍生一莖秀二穗或三莖秀二穗或四莖五莖秀四五穗○丙申九月二十日地震○丁酉正月震雷大雪○戊戌秋八月二十四夜南方有聲如磨數夜不止○冬十二月龍見南方以十數○已亥夏

六月初十夜彗流如火曳光長五六丈頃之滅九月二十日地震自申至酉○壬寅春大雨水民饑斗米百錢○丙午春黑眚見○丁未秋大旱傷稼○弘治戊申冬十二月夜虹見大雷電雨冰四日○乙酉夏儒學後圃產芝連莖並蒂玉光紫色○戊午夏六月十一日水涌幾三丈○乙丑秋九月十八日夜地大震屋瓦皆鳴次日地生白毛○正德庚午夏五月大水害稼○辛未夏五月大疫死者相枕籍○乙亥夏六月十八日夜暴雨水溢壞民居害稼○丁丑冬十月朔雷震大雪至十二月止○戊寅春恆雨無麥○嘉靖二年春夏大饑任山家產一羊六角○三年二月十五日夜地震夏秋米踊貴九月十四日雷雨雹○四年秋螽○七年十月十二日夜地震○八年秋蝗不傷禾大水傷稼○十二年十月八日星隕有聲隕○十三年夏旱秋大水傷稼○十六年大水傷稼○十八年夏旱有螽禾不秀○十九年春民大饑六月蝗飛蔽天所集蘆葦竹

蘗俱盡〇二十年五月雨蝗赴海死〇二十一年七月朔日有食之既晝晦星見〇二十二年夏雨秋大水傷稼〇二十三年夏秋大旱斗米二百錢禾稼不秀〇二十四年秋大旱道殣相望〇二十五年夏大疫〇二十六年秋冬旱自二十三年至是年春冬無雨雪〇二十七年夏旱十一月十一日丑刻雷電大雨虹見南北〇二十八年夏大水傷稼〇二十九年春三月二十一日午刻大風揚沙黑霾三日〇三十九年四月二十五日地震屋瓦有聲五月二十六日又震〇四十年三月西門外新橋王氏家有血從地溅起井水俱赤〇閏五月霪雨大水至十一月民大饑〇四十一年三月十二日有黃白二龍由太湖來一青龍隨之雨雹〇四十三年十一月十二日雷震龍見〇隆慶二年民間訛言選宮人男女未及笄冠婚娶略盡老穉非偶〇三年十一月二十日夜地震〇萬曆三年四月朔日有食之既晝晦星見〇五年九月二十七日彗星見西

方長竟天指東南後漸短月餘始滅○六年正月初六日夜衆星流至西方中有一大星是月有若日夜出西方秋有蝨冬十一月雨大冰○七年夏四月大水冬十二月冬至前一日大雷虹見○八年閏四月大水民饑○十二年十三年十四年俱大稔○十五年七月大風拔木官廨寺觀罘罳盡墜大水無稜○十六年旱無稜餓死者以萬計七月地震○十七年大疫○二十一年正月朔雷○二十三年八月訛言有眚十二月地震

【康熙】秀水縣志

（清）任之鼎修　（清）范正輅纂

清康熙二十四年（1685）刻本

祥異

占太史所掌察天文記時政上自象緯星

豐凶物異皆得並書秀州之紀載或文獻所

傳或耆舊所述猶歷歷可稽焉雖未敢效京

劉之占驗聊以當稗野之蒐葺耳志祥異

周敬王二十六年越王勾踐敗吳于檇李

漢文帝十二年由拳馬生角

三國吳黃龍三年由拳野穀生改為禾興縣

五年嘉興犬禍作人言云天下人餓死

中和壬寅三月二月有馬生角

唐乾符己亥黄巢之亂豪傑起義兵保鄉井後遣兵

火民居無遺

宋乾興壬戌大水壞民田

大聖元年癸亥饑六月隴畝産聖米饑民取食

慶歷戊子十一月丁酉夜地震有聲如雷自西北

起

熙寧元年戊申蝗

紹聖甲戌秋大風海溢壞民田

政和五年秋八月水災

宣和二十年十一月戊辰秀州大水雨雹

二十八年九月浙西大水秀州爲甚

己未大饑米斗千錢道殣相望

宣和辛丑方臘寇嘉禾統軍王子武合官軍破之

隆興元年八月秀州大風水

建炎丁未秋斗牛間有紫氣十月戊申嘉興縣丞

趙子偁生子于官邸紅光燭天即孝宗也

戊申五月州卒徐明等作亂御營中軍張俊至收

斬徐明并殺守趙叔近州人憐之

庚戌二月辛卯金人陷秀州燒掠崇德縣治

甲申七月大水浸城壞民田廬舟行廛市溺死甚

衆大饑人食糠粃

乾道乙酉春大饑殍徙無算

六年五月秀水州大水城市有深丈饑餘者歲饑

丁亥秋八月大水壞民田廬積潦至于九月稼穡

盡腐

庚寅大水大饑

淳熙初民吕氏冰凨有樓觀車馬人物並芾芙蓉

牡丹長春萱草藤蘿等文經日不釋

六年夏秀州水壞圩田溺死人

庚子大旱

丁未夏旱饑民有流亡者

淳熙改元秋大旱知縣李時習禱兩龍潭

紹熙甲寅秋七月大風駕海潮害稼大饑

五年秀州大旱

慶元丙辰十一月二十日夜半月出如望其冬無

雪則春無雨下詔祈禱中夏雨足

三年螟

壬戌春夏旱

嘉泰二年蝗

開禧乙丑夏旱

丁卯夏秋大旱種稑絕種

嘉定戊辰夏五月旱大蝗

己巳夏四月旱至七月乃雨

癸未夏五月大水

甲申海潮壞堤

德祐丙子元師來逼城三月己巳知嘉興府事劉漢傑以城降元將路成兵過皂林暴掠時崇德程德剛負才氣爲陳利害成稱善戢其部衆

景炎辛酉秋七月大水至冬十月水勢不殺

元大德乙巳蝗

至順庚午自夏至秋恒雨閏七月甲申郡境大雨烈風

至正甲申郡境產苜蓿

丙戌春張思敬寇嘉興攻破崇德

丁亥冬郡城西有烏數千營巢于地圍八尺崇五尺晝夜不休若有程督之者已而大盜蜂起江淮繹騷詔州郡築城自嘉興始

辛卯陶氏磨上木生青條白花

乙未秋七月三日白龍見郡城東馬橋上育風怪雨慘黑若深夜壞民居五百餘所大木盡拔溪水壁立男女叫號奔走妻子相失其龍過北麗橋入太湖後值苗軍龍所經處悉為蕪莽

丙申張士誠稱天祐三年國號大周侵嘉興總管陳宗義不能禦同知李復集義勇築壘濠屯于通秀橋東南官塘之西時江浙行中書省丞相答失木兒以楊完者來守士誠兵至不敢窺嘉興踰年望實完者功而嘉亦僅保孤城城外極目至無寸草尺椽嘉興隨亦攻陷城中燔燬民遇害大半浙西盡屬張氏

丁酉八月張士誠以水師數萬來攻嘉興城門閉塞兼旬米價騰踴爨不屬多破斫屋柱几榻而

炊楊完者以大軍四伏使小舟數十百艘餌之敵檣櫓蔽天而下追至杉青閘多積葦以待時當風大起岸上舉火敵舟焚燎至數十里不上死者甚衆遂捨舟登陸連逼城下戰于東瓜堰大破之統軍張士信以伏水道還然完者肆掠人貲錢至見貴家命婦室女必闖宅淫污少拒即指以通賊縱兵屠害民間謠曰死不怨泰州張生不謝寶慶楊

明洪武元年松寇錢鶴來襲城嘉守呂文燧告急于

行省李文忠討擒之將諸將欲屠城燧爭曰據
城者賊民則何辜乃止
辛亥嘉興縣崇元道院產靈芝因建元瑞堂
己巳六月辛巳慧星見紫微側在牛度九十分色
白光約長丈餘東南指西北行戊子慧光稍上
辛七月乙卯滅
景泰庚午正月大雪二旬不止間有黑花凝積丈
許民多饑死鳥雀幾盡夏滛雨傷稼大饑
辛未夏旱大饑斗米百錢道殣相望

甲戌春二月大雪四十日覆壓民廬溪蕩皆冰

乙亥大疫死者相枕籍

天順丙子五月大水傷禾民饑

丁丑大旱運河竭

戊寅秋海溢溺死男女萬餘人

丙戌秋七月海溢大水敗稼

成化庚寅正月大水無麥

癸巳秋八月嘉禾生郡人范俊等獻于府每莖離

根二節節間傍生一莖秀二穗或三莖秀兩穗

或四莖五莖秀四五穗

丙申九月地震十二月恒寒冰凝踰月舟楫不通

丁酉正月震雷大雪海溢溺民居

戊戌秋八月二十四日夜南方有聲如運磨連夜

不止冬十二月龍見南方以十數

己亥夏六月初十日夜慧流如火曳尾長五六丈

移時始滅九月二十日地震自申至酉始定尋

倭寇海鹽

壬寅春大水民饑斗米百錢

丙申春黑青見月餘始熄

丁未秋大旱稼盡槁

宏治戊申冬十二月夜虹見大雷電雨冰四日

己酉夏秀水儒學後園產芝連莖並蒂玉光紫色

戊午夏六月十一日郡境水湧高二三丈

乙丑秋九月十八日夜地大震久之屋瓦皆鳴次

日地見白毛

正德己巳夏旱七月七日雨驟至如注至十月不

止禾腐爛民大饑

庚午夏五月大水害稼民告饑流移者半

辛未夏五月大疫死者相枕籍

乙亥夏六月十八日夜暴雨水漲頃刻丈許淹民

居害稼

丁丑冬十月朔雷聲震大雪至十二月乃止

戊寅春恆雨無麥饑饉

嘉靖二年癸未春夏大饑任山家產一牛六角

三年甲申二月十五日夜地震夏秋米踴貴斗米

值錢百三十文九月十四日雷雨雹

四年乙酉秋蟊蟊食禾根

七年戊子十月十二日夜地震

八年己丑秋蝗不傷禾大水傷稼

十二年癸巳十月八日四更星闘唧唧有聲鐵隕如雨

甲午夏旱秋大水傷稼

丁酉夏大水傷稼斗米百餘錢民饑死

十八年己亥夏旱飛蝗蔽日害稼大饑七月十日雷雨雹大如桃李實末向星晝見日旁

庚子大饑雜草芽木皮為食婦女多鬻于外境六月八日晡時蝗飛蔽天所集蘆葦竹葉並無遺者

辛丑五月大雨連日遺蝗俱赴水死

壬寅七月朔日有食之既晝晦星見九月四日霜降是夕雷電交作

癸卯夏霪雨秋大水傷稼大饑

甲辰夏秋大旱斗米二百文禾稼不秀

乙巳秋大旱米價騰踴如前殍殣相望室廬桑梓

一望蕭然

二十五年丙午夏大疫

丁未秋冬旱自二十三年至是年秋冬皆無雨雪

二十七年戊申夏旱十一月十一日丑刻雷電大

雨虹見南北

己酉夏大水傷稼

庚戌春三月午刻大風揚沙雨黑霾者三日李樹

生王瓜諺云李樹生王瓜百姓無人家已而倭

寇剽殺甚衆

嘉靖三十三年九月初八日未申時天有青紫黑色如日狀者數十與日相盪俄而數百千萬彌天者半逾時向西北散去四月有倭寇千餘人至塩倉橋又有寇千餘由嘉善直逼郡城南北相會意將圍城太守劉慤設備甚嚴又闢百井於城内以濟渴乏每遇警報單騎出城呼百姓入城自保民皆賴之十月二十九日有寇三千餘攻郡城積五六日矢石交下不得薄因散掠四野慘毒備至

三十四年乙卯五月有寇四千餘自柘林犯嘉興總督張經分遣叅將盧鏜等水陸攻之與賊戰于石塘灣大敗之賊走平望俞大猷及永順宣慰使彭翼南邀擊之賊奔王江涇永順出泖湖攻其前鏜及保靖兵躡其共其後共擒斬一千八百餘人賊奔柘林 明通紀

按倭寇紀畧云三十四年五月寇二千餘人由海鹽至郡城鹽倉橋湖廣麻陽洞兵新至率衆禦之賊伏叢塚傍桑林中猛發橫擊麻

陽兵不能支殺數百人賊由王江涇至平望
直隸任兵憲遇而攻之斬首一千八百級通
紀所載似有不同并錄俟考
丁巳年春有馬道人爲孽于嘉湖間剪紙爲兵呪
即變爲刀仗焚刦地方分徒黨徧哄村郭男婦
深睡時即爲所魘遠近大哄各户多懸籧籧
籧四字以厭勝之其妖術行三四月始息
三十九年庚申四月二十五日地震二次屋瓦有
聲五月二十六日又震

辛酉三月郡城西門外新橋王四家有血從地濺起井水俱赤四月初七日雨冰雹閏五月霪雨大水壞田禾至十一月水弗退民大饑有司設粥餌食之殍殣相望

壬戌三月十二日黃白二龍合股由太湖而來一青龍隨之自陡門至硤石東入海

四十一年甲子十一月十二日雷震龍見

隆慶二年戊辰正月民間訛言朝廷採良家女充內宮男女婚嫁畢盡甚有不待媒妁而送女入

男家者

三年十一月二十日夜地震

萬歷三年乙亥四月朔日有食之既晝晦星現是年五月三十夜大風海潮湧入

丙子年棲真寺重修佛閣有白鸚鵡翔集其上數日乃去

丁丑九月二十七日慧星見于西方光芒竟天月餘始滅

戊寅正月初六夜星移西方中有一大星是夜月

西方若有日出是年秋蝗害稼本年冬十一月

雨大冰雹

乙卯夏四月大雨淹田禾冬十二月冬至前一日

大雷虹見

庚辰閏四月大水民饑聚衆搶掠

辛巳大水

十一年癸未旱

十三年乙酉秋大水

十四年丙戌秋大水害稼

十五年丁亥元旦兩雪浹旬不止十六日兩水秋大風拔木大水無穫又思賢西鄉有大鳥人頭鳥身頸下有白鬚鄉人怪之

戊子大年太湖盜發所在戒嚴

己丑年夏大旱湖心龜坼野無青草五穀不登民茹樹皮又瘟疫大行死者無算朝廷出內帑遣官賑濟

辛卯秋大水

二十二年甲午元旦雷雨

二十三年乙未八月民間訛言有青十二月地震

二十四年丙申夏旱秋冬霖雨不絶

二十五年丁酉二月癸亥戊夜下黑雨

戊戌冬大雷

己亥五月五日怪風拔木

庚子十二月運河氷凍

癸卯秋瘧疫盛行至腹腫則死

甲辰十一月九日地震十二月四日大凍三日

乙巳六月大旱

丙午夏大旱傷稼

三十五年丁未四月四日有黑光如日者數十與日相盪六月十九夜坤方大星飛墜乾方是歲大有年

戊申五月二十四黑赤光如日鬬者數合二十七日黑赤復鬬大雨浸滛累月不止

己酉冬無雪

壬子夏大疫

甲寅秋旱

丙辰十二月七日天鼓鳴

戊午十月夜東北有白光一道直衝西南亘數十丈形勢如劍鋒天明方隱

天啟元年辛酉夏熒惑直據南斗中位光鋩噴射

壬戌二月二十四日飛沙蔽天聚沙成堆其氣腥日出無色

癸亥十二月二十二日申刻地大震地生白毛是年宣公橋大火

甲子正月十一日雨色黑是年大水

五年旱損稼高阜無收八月一日白晝星現日旁

六年七月一日大風拔木靈雨如注室廬傾壞雨

晝夜方息

七年慧星見十二月十四日大雪至二十七日

崇禎元年戊辰七月二十三日颶風淫雨濱海及

附郭居民漂溺無算田禾淹死

四年三月太微垣有星大如月磨盪不定又有飛

星自南而北長一丈若爆分為東西長四五尺

數時乃滅

五年旱歲儉十月二十七日埃霧四塞日赤無光

十一月十四日酉刻有黑氣如虹自坤達艮長

竟天數刻始盡

六年六月二十五日龍見風大作發屋拔木石牌

碑坊表飛去數武覆舟無算數蟲傷稼

七年甲戌秋蟊作

八年二月朔日赤無光秋蟊

九年丙子大有年六月五日太白晝見

十年丁丑春三月初一日嘉興縣倉廒遏回祿廒

房五所并官廳俱燬秋九月十九日南城樓遇回祿無存九十月間日將出東方色如臙脂日落西方亦然

十一年戊寅夏四月二十二日嘉興縣學遇回祿秋九月十九日西城樓遇回祿

己卯夏六月飛蝗蔽天冬十二月九日辛卯午初刻東方異雲如釁

庚辰四月初八日己未雨連一月日夜無間至五月初九日己丑禾稼淹没越日稍起十七日丁

酉復淹沒七月旱蝗米價至三兩

十四年辛巳春正月廿六夜大雨延城如裂聲震

四郊老人相傳此謂城號又謂城愁裂聲轟震

中有羣哭之聲是年城亦多傾三月初三日戊

寅落沙竟日如霧夏六月二十九日癸酉未正

一刻飛蝗蔽天城中恟異自北飛至東南所過

遶食禾稻無存旱魃倍于往歲

壬午大饑斗米三錢人食草木路殍相望語兒鄉

有食人者

十六年癸未夏甫插芒秧烈日連旬亢旱月久高

阜之鄉不得蒔民之餓死者不減于十四年十

五年十一月十七夜城號之聲如十四年

皇清順治辛卯春夏大雨水六七月間斗米三錢五

分

壬辰春大旱

癸巳七月大雨水

甲午夏大旱冬大雪湖蕩皆氷十日不解

乙未六月大水

丁酉六月十九日颶風大作拔樹倒屋牌坊亦傾

是年儒學奎星樓夜屢有光秋闈出元捷者七

人登詞林者三人

辛丑六月大旱高阜之地皆荒

康熙乙巳七月五日颶風作晝夜不息拔樹飛瓦

丙午冬十月十二日卯時星隕如雨

戊申正月二十五至二十八夜長星竟天六月十

七日戌時合城内外地震越三日地生白毛太

白晝見

己酉十月二十日雨氷

庚戌四月二十四日雨浃三旬田禾盡没六月十一日烈風靈雨雨晝夜不息壞民舍大饑

辛亥六月大旱

壬子八月大雨蝝食稻民饑

甲寅冬大水禾頭生耳

戊午夏大旱有疫

庚申二月秋大水十一月初一日慧星起于西方色蒼白漸長欽天監占驗主吳越有咎

辛酉正月朔大雪

壬戌年大穫秋七月縣治沼荷忽生並蒂蓮數莖

紳士咸著詩文以紀其異

癸亥正月雨至三月無麥

【民國】重修秀水縣志

金蓉鏡等纂修

稿本（謄清稿）

灾出者已另入兵事

重修秀水縣志卷

敘祥異

春秋書災祥謹民事也五行之沴出於五事事興於人而禨感於天事應委曲不可直說明史不載事應又非也茲採古事綴為篇有徵者者亦備記之所以警惰心畏天道焉

△周敬王二十六年越王勾踐敗吳于檇李

漢文帝十二年由拳馬生角

三國吳黃龍三年由拳野穀生改為禾興縣

五年嘉興大禍作人言云天下人餓死

中和壬寅二月有馬生角

△唐乾符己亥黃巢之亂豪傑起義兵保鄉井後遭兵火民居

無遺

宋乾興壬戌大水壞民田

天聖元年癸亥饑六月隴畝產聖米飢民取食

慶歷戊子十一月丁酉夜地震有聲如雷自西北起

熙寧元年戊申蝗

紹聖甲戌秋大風海溢壞民田

政和五年秋八月水災

宣和二十年十一月戊辰秀州大水雨雹

二十八年九月浙西大水秀州爲甚

己未大飢米斗千錢道殣相望

宣和辛丑方臘寇嘉禾統軍王子武合官軍破之

隆興元年八月秀州大風水

建炎丁未秋斗牛間有紫氣十月戊申嘉興縣丞趙子偁生

子于官邸紅光燭天即孝宗也

△戊申五月州卒徐明等作亂御營中軍張俊至收斬徐明并

殺守趙叔近州人憐之

△庚戌二月辛卯金人臨秀州燒掠崇德縣治

甲申七月大水浸城壞民田廬舟行廛市溺死甚衆大饑人

食糠粃

乾道乙酉春大饑殍徙無算

六年五月秀州大水城市有深丈餘者歲饑

丁亥秋八月大水壞民田廬積潦至于九月稼穡盡腐

庚寅大水大饑

淳熙初民冰死有樓觀車馬人物並蒂芙蓉牡丹長春萱草

藤蘿等文經日不釋

六年夏秀州水壞圩田溺死人

庚子大旱

丁未夏旱饑民有流亡者

淳熙改元秋大旱知縣李時習禱雨龍潭

紹熙甲寅七月大風駕海潮害稼大饑

五年秀州大旱

慶元丙辰十一月二十日夜半月出如望其冬無雪則春無

雨下詔祈禱中夏雨足

三年螟

壬戌春夏旱

嘉泰二年蝗

開禧乙丑夏旱

丁卯夏秋大旱種稑絶種

嘉定戊辰夏五月旱大蝗

己巳夏四月旱至七月乃雨

癸未夏五月大水

甲申海潮壞堤

△德祐丙子元師來逼城三月己巳知嘉興府事劉漢傑以城

降元將路成兵過皂林暴掠時崇德程德剛負才氣爲陳

利害成稱善識其部衆

景炎辛酉秋七月大水至冬十月水勢不殺

元大德乙巳蝗

至順庚午自夏至秋恒雨閏七月甲申郡境大雨烈風

至正甲申郡境産苜蓿

△丙戌春張思敬寇嘉興攻破崇德

丁亥冬郡城西有鳥數十營巢于地圍八尺崇五尺晝夜不休若程督之者已而大盜蜂起江淮繹騷詔州郡築城自嘉興始

辛卯陶氏磨上木生青條白花

乙未秋七月三日白龍見郡城東馬橋上盲風怪雨慘黑若

深夜壞民居五百餘所大木盡拔溪水壁立男女叫號奔走妻子相失其龍過北麗橋入太湖後值苗軍龍所經處悉為蓁莽

△丙申張士誠稱天祐三年國號大周侵嘉興總管陳宗義不能禦同知李復集義勇築塹濠屯于通秀橋東南官塘之西時江浙行中書省丞相答失木兒以楊完者來守士誠兵至不敢窺嘉興踰平望實完者功而嘉亦僅保孤城城外極目至無寸草尺椽嘉興隨亦攻陷城中燔燬民遇害大半浙西盡屬張氏

△丁酉八月張士誠以水師數萬來攻嘉興城門閉塞兼旬米價驟踴薪爨不屬多破斫簷柱几榻而炊楊完者以大軍

四伏使小舟數十百艘餌之敵檣櫓蔽天而下進至杉青閘多積葦以待時當風大起岸上舉火敵舟焚燎至數十里不止死者甚衆遂捨舟登陸連逼城下戰于東柵堰大破之統軍張士信以伏水遁還然完者由肆掠人貨錢至見貴家命婦室女必圍宅淫汚少拒即指以通賊縱兵屠害民間謡曰死不怨泰州張生不謝寶慶楊

明洪武元年松寇錢鶴來襲城嘉守呂文燧告急于行省李文忠計擒之諸將欲屠城燧爭曰據城者賊民則何辜乃止

辛亥嘉興縣崇元道院產靈芝因建元瑞堂

己巳六月辛巳彗星見紫微側在牛度九十分色白光約長

丈餘東南指西北行戊子彗光掃上室七月乙卯滅

景泰庚午正月大雪二旬不止間有黑花凝積丈許民多饑死鳥雀幾盡夏淫雨傷稼大饑

辛未夏旱大饑斗米百錢道殣相望

甲戌春二月大雪四十日覆壓民廬溪蕩皆氷

乙亥大疫死者相枕籍

天順丙子五月大水傷禾民饑

丁丑大旱運河竭

戊寅秋海溢溺死男女萬餘人

丙戌秋七月海溢大水敗稼

成化庚寅正月大水無麥

癸巳秋八月嘉禾生郡人范俊等獻于府每莖離根二節節間傍生一莖秀二穗或三莖秀二穗或四莖五莖秀四五穗

丙申九月地震十二月恒寒冰凝踰月舟楫不通

丁酉正月震雷大雪海溢溺民居

戊戌秋八月二十四日夜南方有聲如運磨連夜不止冬十二月龍見南方以十數

己亥夏六月初十日夜彗流如火曳尾長五六丈移時始滅

九月二十日地震自申至酉始定尋倭寇海鹽

壬寅春大水民饑斗米百錢

丙午春黑青氣見月餘始熄

丁未秋大旱稼盡槁

宏治戊申冬十二月夜虹見大雷電雨冰四日

己酉夏秀水儒學後圃産芝連莖並蒂玉光紫色

戊午夏六月十一日郡境水湧高二三丈

乙丑秋九月十八日夜地大震久之屋瓦皆鳴次日地見白
毛

正德己巳夏旱七月七日雨驟至如注至十月不止禾腐爛
民大饑

庚午夏五月大水害稼民告饑流移者半

辛未夏五月大疫死者相枕籍

乙亥夏六月十八日夜暴雨水漲頃刻丈許淹民居害稼

丁丑冬十月朔雷震大雪至十二月乃止

戊寅春恒雨無麥饑饉

嘉靖二年癸未春夏大饑任山家產一牛六角

三年甲申二月十五日夜地震夏秋米踴貴斗米值錢百三十文九月十四日雷雨雹

四年乙酉秋蟊蟲食禾根

七年戊子十月十二日夜地震

八年己丑秋蝗不傷禾大水傷稼

十二年癸巳十月八日四更星鬬唧唧有聲俄隕如雨

甲午夏旱秋大水傷稼

丁酉夏大水傷稼斗米百餘錢民饑死

十八年己亥夏旱飛蝗蔽田害稼大飢七月十日雷雨雹大
如桃李實末旬星晝見日常
庚子大饑雜草茅木皮為食婦女多鬻于外境六月八日晡
時蝗飛蔽天所集蘆葦竹葉並無遺者
辛丑五月大雨連日遺蝗俱赴水死
壬寅七月朔日有食之既晝晦星見九月四日霜降是夕雷
電交作
癸卯夏霪雨秋大水傷稼大飢
甲辰夏秋大旱斗米二百文禾稼不秀
乙巳秋大旱米價騰踴如前殍殣相望室廬桑梓一望蕭然
二十五年丙午夏大疫

丁未秋冬旱自二十三年至是年秋冬皆無雨雪

二十七年戊申夏旱十一月十一日丑時雷電大雨虹見南北

己酉夏大水傷稼

庚戌春三月午刻大風揚沙雨黑霾者三日李樹生王瓜謠云李樹生王瓜百姓無人家已而倭寇剽殺甚衆

嘉靖三十三年九月初八日未申時天有青紫黑色如日狀者數十與日相盪俄而數百千萬彌天者半逾時向西北散去四月有倭寇千餘人至塩倉橋又有寇千餘由嘉善直逼郡城南北相會意將圍城太守劉慤設備甚嚴又開百井於城內以濟渴乏每遇警報單騎出城呼百姓入城

[handwritten annotation beside the text: 已而後……之事據]

自保民皆賴之十月二十九日有寇三千餘攻郡城積五六日矢石交下不得薄閉散掠四野慘毒備至

○三十四年乙卯五月有寇四千餘自柘林犯嘉興總督張經分遣叅將盧鏜等水陸攻之與賊戰于石塘灣入敗之賊走平望俞大猷及永順宣慰使彭翼南邀擊之賊奔王江涇永順岀泖湖攻其前鏜及保靖兵躡其後共擒斬一千八百餘人賊奔柘林明通紀案永順土司之戰以垂手土歌倭人目炫俄起擊之勝垂手而歌土司樂也彼中相傳如是并附述

○按倭寇紀畧云三十四年五月寇二千餘人由海塩至郡城塩倉橋湖廣麻陽峒兵新至率衆禦之賊伏義塚傍桑林中猛發横擊麻陽兵不能支殺數百人賊由王

江涇至平望直隸任兵憲遇而攻之斬首一千八百級與通紀所載似有不同并録俟考

丁巳年春有馬道人爲孽于嘉湖間剪紙爲兵咒即變刀杖焚刼地方分徒黨徧哄村郭男婦深睡時即爲所魘遠近大哄各户多懸[illegible][illegible][illegible][illegible]四字以厭勝之其妖術行三四月始息

三十九年庚申四月二十五日地震二次屋瓦有聲五月二十六日又震

辛酉三月郡城西門外新橋王四家有血從地濺起井水俱赤四月初七日雨冰雹閏五月霪雨大水壞田禾至十一月水未退民大饑有司設粥餌食之殍殣相望

壬戌三月十二日黄白二龍合股由太湖而來一青龍随之
自陡門至硤石東入海
四十一年甲子十一月十二日雷震龍見
隆慶二年戊辰正月民間訛言朝廷採良家女充内宫男女
婚娶畢盡甚有不待媒妁而送女入男家者
二年十一月二十日夜地震
萬歷三年乙亥四月朔日有食之既晝晦星現是年五月三
十夜大風海潮湧入
丙子年棲真寺重修佛閣有白鸜鵒翔集其上數日乃去
丁丑九月二十七日彗星見于西方光芒竟天月餘始滅
戊寅正月初六夜星移西方中有一大星是夜月西方若有

日出是年秋蟊害稼本年冬十一月雨大冰
己卯夏四月大雨淹田禾冬十二月冬至前一日大雷虹見
庚辰閏四月大水民饑聚衆搶掠
辛巳大水
十一年癸未旱
十三年乙酉秋大水
十四年丙戌秋大水害稼
十五年丁亥元旦雨雪浹旬不止十六日雨冰秋大風拔木
大水無穫又思賢鄉有大鳥人頭鳥身頦下有白鬚鄉人
怪之
戊子年太湖盜發所在戒嚴

己丑年夏大旱湖心龜圻野無青草五穀不登民茹樹皮又

瘟疫大行死者無算朝廷出內帑遣官賑濟

辛卯秋大水

二十二年甲午元旦雷雨

二十三年乙未八月民間訛言有眚十二月地震

二十四年丙申夏旱秋冬霖雨不絕

二十五年丁酉十一月癸亥戊夜下黑雨

戊戌冬大雷

己亥五月五日恠風拔木

庚子十二月運河氷凍

癸卯秋瘟疫盛行至腹腫則死

甲辰十一月九日地震十二月四日大凍三日

乙巳六月大旱

丙午夏大旱傷稼

三十五年丁未四月四日有黑光如日者數十與日相盪六月十九夜坤方大星飛墮乾方是歲大有年

戊申五月二十四日黑赤光如日闘者數合二十七日黑赤復大雨浸淫累月不止

己酉冬無雪

壬子夏大疫

甲寅秋旱

丙辰十二月七日天鼓鳴

戊午十月夜東北有白光一道直衝西南亘數十丈形勢如
劍鋒天明方隱
天啓元年辛酉夏熒惑直據南斗中位光燄貫射
壬戌二月二十四日飛沙蔽天聚沙成堆其氣腥日出無色
癸亥十二月二十二日申刻地大震地生白毛是年宣公橋
大火
甲子正月十一日雨色黑是年大水
五年旱損稼高阜無收八月一日白晝星現申傍
六年七月一日大風拔木霪雨如注室廬俱壞兩晝夜方息
七年彗星見十二月十四日大雪至二十七日
崇禎元年戊辰七月二十三日颶風淫雨濱海及附郭居民

漂溺無算田禾淹死

四年三月太微垣有星大如月磨盪不定又有飛星自南而北長一丈若爆分為東西長四五尺數時乃滅

五年旱歲儉十月二十七日埃霧四塞日赤無光十一月十四日酉刻有黑氣如虹自坤達艮長竟天數刻始盡

六年六月二十五日龍見風大作發屋拔木石碑坊表飛去數武覆舟無數蟊傷稼

七年甲戌秋蟊作

八年二月朔日赤無光秋蟊

九年丙子大有年六月五日太白晝見

十年丁丑春三月初一日嘉興縣倉廒遇回祿廒房五所并

官廳俱燬秋九月十九日南城樓遇回禄無存九十月間日將出東方色如臙脂日落西方亦然

十一年戊寅夏四月二十二日嘉興縣學遇回禄秋九月十九日西城樓遇回禄

己卯夏六月飛蝗蔽天冬十二月辛卯午初刻東方異雲如纛

庚辰四月初八日已未雨連一月日夜無間至五月初九日己丑禾稼淹没越日稍起十七日丁酉復淹没七月旱蝗米價至三兩

十四年辛巳春正月廿六夜大雨延城如裂聲震四郊老人相傳此謂城號又謂城愁裂聲轟震中有羣哭之聲是年

城亦多傾三月初三日戊寅落沙竟日如霧夏六月二十
九日癸酉未正一刻飛蝗蔽天城中怖栗自北飛至東南
所過悉食禾稻無存旱魃倍于往歲
壬午大饑斗米三錢人食草木路殍相望語兒鄉有食人者
十六年癸未夏甫插苗秧烈日連旬亢旱用久高阜之鄉不
得蒔民之餓死者不減于十四年十五年十一月十七夜
城號之聲如十四年
皇清順治辛卯春夏大雨水六七月間斗米三錢五分
壬辰春大旱
癸巳七月大雨水
甲午夏大旱冬大雪湖蕩皆氷十日不解

乙未六月大水

丁酉六月十九日颶風大作拔樹倒屋牌坊亦傾是年儒學

奎星樓夜屢有光秋闈出元捷者七人登詞林者三人

辛丑六月大旱高卑之地皆荒

康熙乙巳七月五日颶風作晝夜不息拔樹飛瓦

丙午冬十月十二日卯時星隕如雨

戊申正月二十五至二十八夜長星竟天六月十七日戌時

合城內外地震越三日地生白毛太白晝見

己酉十月二十日雨水

庚戌四月二十四日雨淡三旬田禾盡沒六月十一日烈風

霪雨兩晝夜不息壞民舍大饑

辛亥六月大旱

壬子八月大雨蝝食稻民饑

甲寅冬大水禾頭生耳

戊午夏大旱有疫

庚申二月秋大水十一月初一日彗星起于西方色蒼白漸長欽天監占驗主吳越有咎

辛酉正月朔大雪

壬戌年大穫秋七月縣治沼荷忽生並蒂蓮數莖紳士咸著詩文以紀其異

癸亥正月雨至三月無麥以上任志

二十七年六月十八日未時日旁有五色雲環繞俄頃即散

遠近喧傳日華 平湖朱志

二十九年秋八月十三日秀城北水天庵前水面現五色文

自辰至午觀者甚衆 吳志

三十二年自春至秋大旱禾盡槁

三十五年七月二十三日颶風作飛瓦拔木

四十六年夏六月大旱

四十七年五月大雨三日水溢田禾盡淹 以上吳志

四十八年禾中游饑多疫疾

五十四年八月秀水思賢鄉甘露降禾生雙穗歲大有桐鄉

玉溪東北禾生雙穗

雍正元年秋旱民饑 以上伊志

四年八月初旬杭嘉湖三府大雨浙江通志

五年大有年嘉禾生伊志穀有一莖兩穗三穗者平湖王志

八年雨水害稼伊志十一月二十八日地震許志

九年秋蟊傷稼伊志

十年七月蟊復傷稼平湖王志

十一年雨雹傷麥伊志

乾隆三年三月十二日秀水村民萬漢文妻徐氏一產三男伊志

九年大有年伊志

十三年五月亢旱米價騰貴平湖王志

十六年秋九月二十七日雨雹

十七年四月初四日卯時地震

十九年八月十三日大風雨雷電交作水淹禾稼

二十年夏大旱河竭海塩有虎自海上來至蓮社庵斃之冬

十二月初二日地震是歲禾將實蟲傷禾稼毘連數郡

二十一年春夏大飢米價踴貴疫氣盛行

二十二年二月雹不爲災

二十三年六月秀水新塍鎮馮姓家手植盆荷開六花皆紅

白中分

二十四年秋螟傷稼

二十六年三月十一日地震有聲

二十七年七月十三日海塩潮溢塘圮水入城三四尺漂溺

民居

二十八年元旦日月合璧

二十九年正月五日亥時地震屋瓦有聲

三十年秋蟊傷稼

三十二年海塩有贔屭乘潮至漁户獲以獻縣

三十三年夏旱嘉善四北區麥秀兩岐以上伊志

三十七年八月十一日大雨自辰至午水驟長丈餘

三十八年七月二十二日大風雨有物自空中東南來穿城

迤西北去所過發屋拔木以上平湖王志

三十九年大有年

四十三年春無麥夏大旱冬暖桃李俱華

五十年大旱歉收伊志支河叉港皆涸

五十一年米價騰貴

五十四年春三月十七日地震自北而南夏四月大雨雹傷

麥

五十六年夏霪雨四旬

五十八年正月至四月恒雨七月七日海盐潮溢壞民居

嘉慶元年正月九日大風雪寒甚冰凝不解秋大有年

二年夏闔邨麥大熟以上伊志

三年大有年海盐通元里復產瑞麥里人胡氏藏之十月二

十八日夜衆星交流如織伊志

四年秋大有年

五年春正月十六日大雪平地三尺餘

六年春正月十一日海潮一日三至

七年秋大有年嘉興里仁鄉產嘉禾一莖數穗冬十二月中旬平湖雅山有虎鄉民斃之

八年秋八月螟以上于志

九年夏五月霪雨苗壞大暑後種秋有年產嘉禾多三穗者乍浦備志

十年三月恒雨傷麥

十三年五月大雨水

十四年大有年

十六年秋七月長星見

十七年春霪雨傷麥秋有年

十九年夏大旱米貴斗米五百餘錢饑

二十年夏麥大熟秋有年

二十四年夏六月大旱

二十五年冬時疫流行

道光元年夏四月朔日卯時日月合壁五星聯珠

二年夏旱

三年大雨水災以上于志

十一年大雨水歉收

十二年旱

十八年大有年

十九年秋九月六日地微震以上于志

二十一年十月田禾未畢收有似野鴨者千萬成羣自北而南偶下一集田中子無遺穗當湖外志十一月大雪高積丈許壓圮屋宇傷人甚多冷廬雜識

二十九年大水禾田淹没無存新塍瑣志

咸豐三年三月初七夜地震後屢震不已當湖外志

六年夏大旱地生白毛新塍瑣志

八年秋地震雪門詩鈔

十年夏一大星自西北移入東南隆隆有聲光如匹練橫亘天際片時始滅九月桃李花當湖外志

同治二年癸亥海溢禾城河水鹹許志

三年六月十二日大風拔木雪門詩鈔

四年秀水新塍陳姓婦產四鼠新塍瑣志秋田生青蟲似蠶喙黑卷葉作網蓋螣屬也雪門詩鈔

九年四月十三日大風毀屋雪門詩鈔

十一年三月十一日大雨雹大者十七觔八月十九日地震由西而東雪門詩鈔十二月初五日狂風大作當湖外志

十二年九月田生蟲食根象黑蟻蜂腰六足有鬚蓋螽類也雪門詩鈔

光緒二年夏有妖人剪辮或剪衣角并訛言有妖魔人七月有星晝見於鶉火之次

三年五月二十三日大風後海鹽潮水不至者數日秋有蝗

入境以上許志

四年戊寅春有靈芝中貫忽冬生於桃花里張氏墓

八年五月二十三日大風雨水成災緩徵發賑嘉興趙志是年冬夜五更時有長星見東南方許志

十五年秋蛟水陡發霪雨歷四十晝夜田禾淹沒盡成澤國闔屬停漕發賑嘉興趙志

十八年夏秋不雨冬十一月嚴寒大川巨澤冰堅尺餘河凍半月不開黎里志

十八九年太白晝見自東亘西如匹練海鹽陳某謂東方將有兵起亂由是始極於辛巳殺人如麻後有聖出新纂

十九年春三月郡城地生白毛採訪冊是年春菜豆無收麥尚成

熟米石每三千八百黎里志

二十一年九月初六日地震十六日寒甚午後下雪屋瓦盡白采訪冊

二十一日戌初地震有聲如雷黎里志

二十六年二月十四日時加巳有黑氣自西北來俄而竟天不雨不風白晝若昏夜行道之人皆駭走市肆燃燭東息以俟移時始散未幾而京師拳匪禍作嘉興趙志

二十七年八月晝晦行人以燭時兩宮回鑾

宣統三年六月螟蟲害稼嘉興東南尤甚先是連歲有之至是蔓延益甚秋七月大水沒田九月兵起

【萬曆】重修嘉善縣志

（明）章士雅修　（明）盛唐纂

明萬曆二十四年（1596）刻本

重修嘉善縣志卷十二

雜志

武塘雖小往蹟實繁迹涉窈冥事關元化細同塵坌理或精玄弗可槩棄也爰為雜志以羅之志雜而典故斯悉矣

災祥

宣德九年甲寅大水無秋

正統七年壬戌大水繼於七月十七日颶風大作圩岸俱圮

八年癸亥八月大風雨害稻
十一年丙寅五月大水
十四年己巳大水無秋
景泰元年庚午正月大雪二旬積至丈餘後雨黑雪
乃止是時民多饑死鳥雀死者幾盡至夏霪雨傷
稼
二年辛未夏旱大饑斗米百錢道殣相望
五年甲戌二月大雪連四十日諸港冰結舟楫不通
入夏大水漂沒田廬斗米百錢餓殍相枕兩稅無

徵

六年乙亥大疫

天順二年丁丑大旱運河竭

四年巳卯五月大水傷禾饑

成化六年庚寅五月大水傷禾

十二年丙申九月二十日地震尋倭寇海塩是年十

二月恒寒冰凝踰月舟楫不通

十四年戊戌秋八月二十四日夜南方有聲如運磨

連夜不止冬十二月龍見南方以十數

十五年巳亥夏六月初十日夜彗流如火曳尾長五

六丈移時始滅○九月二十日地震自申起至寅

始定

十七年辛丑春夏旱秋大水禾稼盡腐饑

十八年壬寅春夏大饑秋大水

二十二年丙午黑龍見月餘始息

二十三年丁未秋大旱河底龜拆禾盡槁

弘治元年戊申冬十二月夜虹見大雷電雨冰四日

四年辛亥春夏大水傷禾饑

五年壬子五月大水傷禾民多流移大疫

七年甲寅秋大水冒郊邑舟入市田渰幾盡

十一年戊午六月十一日河水忽湧高二三尺如是者數次池沼亦然

十二年己未六月旱一日諸河小魚皆浮兩涯如蟻比晚方散

十四年辛酉十一月恒寒冰堅半月湖蕩皆徒行

十八年乙丑九月十二日夜地震久之隙地遍生白毛

正德二年丁卯冬十月十一日小雪疾雷震天電火迅發二十八日復有虹見雷亦屢作是冬桃李繁花蜂蠅羣聚

三年戊辰六月雨雹

四年己巳夏旱七月大水傷禾十一月冰堅半月

五年庚午夏四月積漲滔天水及樹杪浮屍斷槎蔽川而下低田拋荒自此年始○十二月冰堅半月

六年辛未春夏大疫死者枕籍（御史[illegible]詩）平江走馬路盤桓饑殍盈途不忍看十里路埋千百塚一家人哭兩三猒犬啣髏骨筋猶縮烏啄屍骸血未乾寄語在朝

諸宰相石人無淚也心酸

八年癸酉十二月冰凝二十餘日

十年乙亥夏六月十八日夜暴雨水漲頃刻丈許淹

民居害稼

十一年丙子秋冬旱

十二年丁丑二月二十三日雷電雨雹小者如彈丸

大者如馬首傷麥○十月朔雷震大雪至十二月

乃止

十三年戊寅正月十六日天色昏晦未申時日光相

盪與月色皆如臙脂十七日寅刻月食比旦天亦昏晦二日皆雨黄沙十八日大雪夏秋大水傷禾

十四年己卯夏旱秋大水禾穗盡腐

十六年辛巳秋冬旱

嘉靖元年壬午七月二十五日辰時大風起自東北而西北而西南至酉拔木壞民廬舍太湖水駕丈餘自西北而來低田皆没

二年癸未春夏大饑生員任山家産一羊六角

三年甲申二月十五日夜地震夏秋米湧貴斗米值

錢百三十文九月十四雷雨雹是年魏塘民家有母雞抱卵忽化為雄毛羽爛然遂棄其卵

四年乙酉秋細虫如蟻聚食禾根

六年丁亥七月胥五都民家母彘產子其一身面如人惟四足類豕時遷西區民家產一羔三足前二後一先是魏塘民家產一豕亦人足後其家以淫訟廢

八年己丑秋蝗不傷禾大水傷稼

十年辛卯雨不害田

十二年癸巳十月八日四更星隕唧唧有聲俄隕如雨

十三年甲午夏旱秋大水傷稼

十六年丁酉夏大水傷稼

十八年已亥夏旱蝨生傷禾根奪金畝不吐花而餘縮者鄉農謂之蹲稻前此未有也○七月十日雷雨雹大如桃李實末旬有星見西旁○九月八日西塘民家生一男僅二月餘忽作言索食尋死十五日大霧日高丈許有黑日摩盪

十九年庚子春大饑草芽木皮為食女婦多鬻于外境○六月八日晡時蝗飛蔽天所下之處蘆葦竹葉並無遺者

二十年辛丑五月大雨連日遺蝗俱赴水死

二十一年壬寅七月朔日有食之既晦瞑星見○九月四日霜降是夕雷電交作如方春

二十二年癸卯夏霪雨秋大水傷稼

二十三年甲辰夏秋大旱河底皆坼斗米二百文禾稼不秀較十八年尤甚冬盜賊橫行

二十四年乙巳秋大旱米價騰踴如前道殣相望室廬桑梓一望蕭然

二十五年丙午夏疫屍浮河者不可勝計

二十六年丁未秋冬旱自二十三年至是年春冬皆不雪雨

二十七年戊申夏旱十一月十二日丑刻雷電大雨虹見南北

二十八年己酉夏大水傷稼

二十九年庚戌春三月二十一日午刻大風揚沙雨

黑霾者三日

三十九年庚申四月二十五日地震二次屋瓦有聲

五月二十六日又震

四十年辛酉宿潦自臘春霪徂夏兼高淳東壩決太湖驟漲六郡全淹秋冬淋潦塘市無路塲圃行舟民苦墊溺村鎮斷火量水者謂多于正德五年五寸盖希有之變也

四十一年壬戌三月十二日龍見冰雹黄白二龍合股由太湖而來一青龍隨之自陡門至硤石等村鎮入海

四十三年甲子十一月十二日雷震龍見
萬曆三年乙亥四月朔日食既晝晦星見五月三十
夜颶風海水湧入海塩城中平地水三尺沿塘民
居漂没數萬家田禾潦死嘉善水多鹹月餘水退
亢旱大荒
五年丁丑九月二十七日彗見西方光長數丈每夜
漸高没漸速月餘始息
六年戊寅正月初六日有星如日西移衆星從之秋
蟊害稼冬十一月大冰

七年己卯夏四月大水淹田禾冬十二月冬至前一日大雷虹見

八年庚辰閏四月大水民饑聚搶各村執兵器以入府縣禁治而止

十五年丁亥五月大水舟行畎畝間秋大風拔木凡十餘日

十六年戊子大饑米石至一兩八錢流民動以萬計積骸盈河塞巷縊死野寺荒菴者不可勝算

十七年己丑大疫哭泣聲滿街市六月大旱畢鄉俱荒冬大冰月餘人行蕩漾中

二十三年乙未歲朝雷雪大雪彌月鳥雀多死

二十四年丙申五月大旱八月望暴風連日湖水驟漲禾盡渰

[illegible]

天順六年辛巳太平道院真武殿柱產芝三本

成化九年癸巳顧氏園生嘉禾二本郡編產嘉禾知府楊繼宗有記

十六年庚子奉西南區顧士權家庭產芝三本

十八年壬寅生員周澤家竹林產芝三本明年澤舉鄉試第一因號芝丘

弘治三年庚戌大勝寺竹林中產芝三本

正德四年巳巳監生曹端家產芝六本初生色白漸黃而紫大者盈尺小者數寸

七年壬申四月永安胥山二鄉麥秀兩岐

嘉靖四年乙酉思賢書院池中產異蓮數本其房四周復發花瓣於實孔中心蓮菂則不實而長出寸許會縣有鹺徒入旁境殺人獄上御史疑欵出之郡守蕭公行縣遂承其意出當大辟數人以和氣所致圖蓮以獻復為狀述其事甚詳

十二年癸巳隱士袁仁家盆中栽禾一莖五穗者二

四穗者六三穗者十有九二穗者無筭凡九盆悉送之官仁作記紀之邑人沈槼詩云嘉禾自是君家瑞觀賞何妨客縱過此物遭逢應不遠紫薇深處聽笙歌

右祥

【光緒】重修嘉善縣志

（清）江峰青修　（清）顧福仁纂

民國七年（1918）重印本

知嘉善縣事婺源江峯青湘嵐甫修

邑人顧福仁靜厓甫纂

邑人王偉彪玉琳分纂

雜志上

祥眚

紀祥眚者何不諱災異之意也舊志載筆始於有元至正十年迄今五百四十餘載其間祥什一而眚什九何不相敵歟蓋天庥不易迓人事盍當勉也爰稽往軼踵而書之俾覽是編者知所警惕云

元

至正十年庚寅邑境麥秀兩岐倪志十一年辛卯汾湖鍛工一柳椿安鐵碪者十餘年矣發長條數莖如葦家亦無恙十六年

丙申楓涇戴光達宅前柳樹若牛鳴者三不一月有苗兵之禍輟耕錄　二十年庚子二月震霆掣電雪大如掌頃刻積尺餘續文獻通考

明

洪武八年乙卯水補纂參明史五行志　九年丙辰水補纂參袁府志　十九年丙寅四月乙亥熒惑留斗宿七月辛巳八月丙戌熒惑皆犯斗宿補纂參明史　二十二年己巳六月辛巳彗星見紫微有白光長丈餘自東南指西北行補纂參袁府志

永樂二年甲申大水後數年亦如之于志

洪熙元年乙巳積雨傷稼補纂參明史五行志

宣德三年戊申自四月不雨至六月及雨大水淹沒禾稼明實錄

九年甲寅大水無秋楊志

正統七年壬戌大水七月十七日颶風大作圩岸俱圮八年癸亥大風雨害稼章志九年甲子大水江湖泛溢隄防衝決淹沒禾稼補纂參明英宗實錄十一年丙寅五月大水十四年己巳大水無秋章志

景泰元年庚午正月大雪三旬間有黑花凝積至丈餘民多饑死鳥鵲幾盡夏霪雨傷稼大饑二年辛未夏旱大饑府記圖五年甲戌二月大雪連四十日平地數尺民間茅舍俱壓毀于志是年大雨傷苗六旬不止補纂參明史五行志六年乙亥大疫死者相枕籍于志

天順元年丁丑七月蝗補纂參明史五行志二年戊寅大旱運河竭章志府

圖記作元年四年庚辰四五月陰雨連緜江湖泛溢麥禾俱傷籽粒無收明實錄六年壬午太平道院真武殿柱產芝三本倪志成化二年丙戌海溢大水敗稼補纂參吳府志六年庚寅正月大水無麥補纂參袁府志五月大水傷禾于志七年辛卯閏九月海溢淹田宅人畜無算補纂參明史五行志九年癸巳四月水災補纂參明史八月魏塘顧氏園生嘉禾二本倪志十二年丙申九月二十日袁府志作二十九日地震十二月恒寒冰凝踰月舟楫不通章志十三年丁酉正月震雷大雪補纂參趙圖記十四年戊戌八月二十日夜南方有聲如運磨達旦十二月龍見於南方以十數康熙府志十五年己亥六月初十日夜彗流如火曳尾長五六丈移時始滅九月二十日地震自申起至寅始定于志參章志十六年庚子奉四南區民

家庭前產芝之三小倪志十七年辛丑春夏旱秋大水禾稼盡腐

饑十八年壬寅春夏大饑秋大水生員周澤家竹林中產芝

三本明年澤舉鄉試第一于志參楊志二十一年乙巳嘉善民鄒

亮妻初乳生三子再乳生四子三乳生六子補纂參明史五行志二十

二年丙午春黑龍作書趙閣記見月餘始息二十三年丁未秋大

旱河底龜坼禾盡槁章志

弘治元年戊申十二月虹見雷電雨冰凡四日康熙府志三年庚戌

大勝寺竹林中產芝三本倪志四年辛亥春夏大水傷禾饑五

年壬子五月大水傷禾于志是年大疫補纂參袁府志七年甲寅五月

大雨水溢秋水淹田禾于志參袁府志八年乙卯饑補纂參明史五行志十一

年戊午河港池井水皆沸騰高一二三尺甚至有丈餘者竟日

始平康熙府志十二年己未六月旱一日諸河小魚皆浮兩涯如
蟻比曉方散十四年辛酉十一月恒寒冰堅半月河蕩皆徙
行于志十八年乙丑九月十一日劉府志作十八日地震屋瓦皆鳴次
日地生白毛倪志
正德二年丁卯十月十一日小雪節疾雷震天雷火迅發二十
八日虹見雷大發聲是冬桃李花蜂蠅集康熙府志三年戊辰六
月雨雹于志四年己巳監生曹璘家產芝六本初生色白漸黃
而紫大者盈尺小者數寸夏旱倪志參于志六月乙酉地震繼又
大雨補纂參魏積詩陳七月大水傷禾十一月冰堅半月倪志參于志五
年庚午四月水漲滔天及樹杪十二月冰堅旬餘稿志六年辛
未春夏大疫死者枕藉于志七年壬申乏食補纂參明史五行志四月永

安背山二鄉麥秀兩岐倪志八年癸酉十二月冰凝二十餘日于志十年乙亥六月十八日夜暴雨水漲頃刻丈許淹民居害稼十一年丙子秋冬旱楊志十二年丁丑二月二十三日雷雹雨雹大者如馬首十一月雷電大雪十二月乃止康熙府志十三年戊寅正月十六日天色昏晦未申時日光跳盪與是晚月色皆如臙脂十七日寅刻月食比旦天亦昏晦二日皆雨黃沙十八日大雪夏秋大水傷禾十四年己卯夏旱秋大水禾穗盡腐十六年辛巳秋冬旱于志

嘉靖元年壬午七月二十五日自辰至酉大風拔木太湖水溢丈餘沒田禾康熙府志二年癸未春夏大饑生員任山家産一羊六角三年甲申二月十五日夜地震夏秋米騰貴斗米三百

十錢九月十四日雷雨雹是年魏塘民家有母雞抱卵忽化爲雄毛羽爛然遂棄其卵(于志) 四年乙酉思賢書院池中產異蓮數本其房四周復發花瓣於實孔中心蓮菂不實而長出寸許秋蝝蟲如蟻聚食禾根(楊志) 六年丁亥胥五區民家母豬產子其一身面如人惟四足類豕遷西區民家產一羔三足前二後一先是魏塘民家產一豕人足後其家以淫訟廢七年戊子十月十二日夜地震(于志) 八年己丑秋蝗不傷禾大水傷稼里中訛言有物夜入人舍作雞犬狀傷幼男女遠近俱駭而鄉尤甚薄暮閉戶避之或有擊鉦鼓相逐者(于志參章志外紀) 十年辛卯雨不害田(章志) 十二年癸巳十月初八日四更星隕唧唧有聲俄隕如雨(康熙府志) 隱士袁仁家盆中栽禾一莖五穗

者二四穗者六三穗者十有九二穗者無算几九盆悉送之官仁作詩紀之（章志）十三年甲午夏旱秋大水傷稼（于志）十六年丁酉夏大水（康熙府志）十八年己亥夏蚕蟲生傷禾根有全畝不吐花而幹縮者鄉農謂之蹻稻前此未有也七月初十日雷雨雹大如桃李實未旬有星晝見日旁八月（舊府志作九月）初八日西塘民家生一男僅二月餘忽作言索食蒜死十五日大霧日高丈許黑日食之幾既（于志）十九年庚子春大饑多鬻男女於外六月十八日飛蝗蔽天食蘆葦竹葉無遺（康熙府志）二十年辛丑五月大雨連日遺蝗俱赴水死二十一年壬寅七月朔日食既晝晦星見九月初四日霜降是夕雷電交作如方春（于志）二十二年癸卯夏淫雨秋大水民饑（康熙府志）二十三年甲辰

熒惑犯南斗補纂參劉府志夏秋大旱不稼不登二十四年乙巳旱道殣相望康熙府志十二月二十日日輪外有黑氣如盤與日往來摩盪者七日補纂參袁府志二十五年丙午大疫康熙府志二十六年丁未秋冬旱自二十三年至是年皆不雨雪于志二十七年戊申夏旱十一月十一日雷電大雨虹見康熙府志二十八年己酉夏大水傷稼二十九年庚戌三月二十一日午刻大風揚沙雨黑霾三日于志三十一年壬子秋末日晡時西方有赤氣亙天至暝不散如是百餘日明年倭亂三十三年甲寅九月初八日未申時天有青紫黑色如日狀者數十與日相盪俄而數百千萬彌天者半逾時向西北散去補纂參劉府志三十九年庚申四月地震屋廬搖動如帆河水搉激魚皆躍起續文獻通考四

十年辛酉自四月初雨至閏五月苗種淹沒田成巨浸民大饑康熙府志四十一年壬戌三月十二日黄白二龍見雨雹揚志四十三年甲子七月十七十八日太白晝見補纂參袁府志十一月十二日雷雹龍見揚志十二月朔雷鳴大風拔木揚沙八日舟楫不行補纂參袁府志四十五年丙寅十一月十一日十五日袁府志作四更有大星隕羣星數百隨之康熙府志

隆慶二年戊辰元旦大風揚沙白晝晦暝三年己巳五月大雨十一月二十日地震補纂參袁府志

萬歷三年乙亥四月朔日食既晝晦星見五月二十日夜颶風海水湧入河水多鹹田禾澇死月餘水退亢旱大荒五年丁丑九月二十七日夜彗星見西方光長數丈月餘始息章志六

年戊寅正月初六日夜有星如日西移眾星從之康熙府志十一月大水七年己卯四月大水淹田禾章志十一月冬至前一日大雷虹見康熙府志九年辛巳大水舊浙江通志十一三年乙酉秋大水十四年丙戌秋大水害稼補纂參袁府志十五年丁亥五月大水舟行畎畝間秋大風拔木凡十餘日十六年戊子大饑米石至一兩八錢流民動以萬計積骸盈河塞巷殣死野寺荒庵者不可勝算章志七月地震補纂參袁府志十七年己丑大疫哭聲滿街市六月大旱卑鄉俱荒章志八月己卯地震有聲補纂參府志冬大冰月餘人行蕩漾中章志十九年辛卯秋大水二十年壬辰正月十九日地震二十二年甲午元旦雷雨補纂參袁府志二十三年乙未元旦雷又大雪市月鳥雀多死康熙府志

十二月地震補纂參袁府志二十四年丙申自五月不雨至七月初八日雨如注狂風交作經數日夜不息續文獻通考二十五年丁酉二月初二日雨黑水康熙府志冬地大震揚志二十六年戊戌冬大雷二十八年庚子十一月運河冰補纂參袁府志二十九年辛丑春夏霪雨傷麥補纂參明史五行志三十一年癸卯秋大疫腹腫則死三十二年甲辰十一月初九日地震三十三年乙巳六月大旱三十四年丙午夏大旱傷稼三十五年丁未四月初四日有黑光數十如日與日相盪六月十九日坤方有大星飛至乾方墜是歲大有年補纂參袁府志三十六年戊申二月袁府志作五月二十四日晡時有十數日跳躑相盪於日之上下左右黑白紫綠不一色明日復然五月大水郊原成河禾黍俱漂民饑揚志四十

一年癸丑秋旱補纂參袁府志四十四年丙辰春慈雲寺殿柱產芝三本是科錢士升狀元及第楊志十二月初七日天鼓鳴補纂參袁府志四十五年丁巳四月徧地生白毛一拔即可滿握六月中天一星忽變長光數丈其一頭若懸一燈秋有鼠異千萬成羣穴處食苗四十六年戊午秋每至四更東方起白光一道約長二三丈狀如大刀日高則不見凡兩月而止十月彗星見半月始息楊志四十八年庚申十一月十六日月食既昏黑踰時補纂參府志

天啟元年辛酉夏熒惑直據南斗中光燄噴射二年壬戌二月二十四日飛沙蔽天聚成堆其氣腥日出無色補纂參袁府志三年癸亥十二月地震牆屋搖動幾傾四年甲子春洪水驟發商

買不通米鋪閉糴二月十六日夜戌時月食十分二秒補纂參袁府志

五月霪雨水西流五年乙丑四月二十八日雷雹大作風吼水立拔木覆屋竟日怒號楊志八月初一日白晝星見日旁旱傷稼補纂參袁府志六年丙寅七月朔雷雨驟至狂風搏擊屋瓦皆飛七年丁卯二月夜雷電風雨到處鬼哭震天慘不可聞楊志彗星見十二月十四日大雪至二十七日止補纂參府志

崇禎元年戊辰七月颶風霪雨居民被溺者不可勝計康熙舊府志

四年辛未三月太微垣有星大如月摩盪不定又有飛星自南而北長一二丈若爆分爲東西長四五尺數時乃滅補纂參袁府志

五年壬申八月至十月七旬不雨二十七日埃霧四塞日赤無光十一月十四日酉刻有黑氣如虹自坤達艮長竟天

數刻始盡補纂參明史五行志及袁府志六年癸酉七月二十四日颶風飛沙走石拔木壞民居楊志是年蝗傷稼七年甲戌秋蝗作八年乙亥二月朔日出無光秋蝗九年丙子六月初五日太白晝見秋大有年補纂參袁府志十二年己卯五月初六日大雨連十三日夜平地水溢數尺舟行於陸補纂參張楊園文集六月飛蝗蔽天十二月初九日午刻東方有異雲如黨補纂參府志十三年庚辰正月初七日大雷電楊志七月旱蝗補纂參袁府志十四年辛巳五月初旬西北諸鄉同時望見人馬旂旆不計其數銃礮之聲半空而下村民奔避入城城河壅塞自辰至申始定後湖寇焚劫西北蹂躪最苦參楊志外紀是月大旱斗米三錢六月朔飛蝗蔽天秋蝗入水爲魚十五年壬午春米貴民饑夏大疫人多暴

死楊志思賢鄉有異鳥集樹人頭鳥身竟日飛去補纂參府志十六年癸未大饑斗米四錢人食草根樹皮康熙府志

國朝

順治二年乙酉正月大雪七月望月食補纂參武塘野史既晦恒星散亂無紀冬盜賊橫行楊志十一月冬至雷電三年丙戌正月望大雷電二十三日汾湖夜聞虎聲舉火逐之一白虎奔入荻葦中人散復上岸鳴此兵妖也三月大雷雨十餘日傷豆麥補纂參武塘野史及汾湖小識五月二十八日有星晝見四年丁亥湖寇滅歲豐盜息民安楊志三月黑虹見東北鄉有虎茜涇生海盤十一月桃李海棠繡球華雞犬孳六年己丑正月大雨二月十九日雪深三尺三月十九日大雨雹五月大水九月桃李海

棠繡球華十月十七日天雨豆七年庚寅七月茜徑有大魚噬人十月朔日食夜大雷電補纂參武塘野史八年辛卯自春至夏大雨斗米四錢五分康熙府志九年壬辰六月旱水西流楊志是月有星晝見補纂參武塘野史七月二十五日夜赤虹見楊志十年癸巳七月大水補纂參袁府志九月初二日黑虹見十一年甲午正月大雪補纂參武塘野史冬恒寒河渠冰凍舟楫不通楊志大雪十日不止十二年乙未六月大水補纂參袁府志十三年丙申春不雨豆麥枯補纂參武塘野史十四年丁酉黑眚見楊志四月傳言妖至居民卒夜鳴金十五年戊戌八月大水補纂參武塘野史十六年己亥三月二十六日晝有星如球光芒數丈自西北歷東南而隕楊志五月龍見東關外八月西關外有大蛇補纂參武塘野史九月初五日范

逕港有虎傷人揚志十七年庚子秋有年補纂參武塘野史十八年辛

丑夏大旱無秋揚志

康熙元年壬寅正月朔日食是年大旱二年癸卯正月大雪四月十四日便民倉火九月雨傷稼十月桃李華三年甲辰正月望月食補纂參武塘野史七月初五日颶風作拔木飛瓦補纂參袁府志十月望彗星見東南光芒如帚歷旬不滅十二月朔日食四年乙巳正月朝暮日旁有星如球散繞出沒無恒二月彗星見太白屢晝見秋大水漂沒廬舍郊外水浮於土尺餘圩岸崩圮補纂參武塘野史十月十二日卯時星隕如雨補纂參袁府志五年丙午正月大雨害菜菽補纂參武塘野史三月初五日午後大雨雹揚志十月初四日大雷電十一日立冬夜東北有大星隕地有聲

衆星散落如雨邑廟東錢姓家有白氣從地起瀰亙東西踰時乃滅十二月初七日夜地震大雨雪冰厚盈尺舟楫不通六年丁未二月初十十一日大風雪凍六月旱補纂參武塘野史七年戊申正月二十七日夜有光經天自西徂東楊志袁府志作六年三月望月旁有光如球五月大水二十五日雨雹補纂參武塘野史六月十七日戌時地震屋柱皆動街道如湧生白毛楊志袁府志作六年是月太白晝見補纂參袁府志七月東關外能言有怪至夜率鳴金逐之八月十七日戌時東南有星白色光芒四燭雲擁而西行有聲八年己酉正月十六日雪深二尺四月朔日食補纂參武塘野史二十四日雨浹三旬田禾盡沒六月十一日烈風霪雨晝夜不息壞民居補纂參袁府志十月二十二十二日夜俱雷

雹大雨補纂參武塘野史九年庚戌正月二十八日夜雪有紅光如斗自東北而西南其聲若雷六月十一十二日颶風大作水高丈餘城市皆水淹禾民饑楊志誤作大旱民饑袁府志十二月朔大風冰凍河港堅凝如平地舟楫不通飛雪二十日十年辛亥正月十八十九日雷電夏秋大旱十二月寶魚橋居民孫姓一産三男十一年壬子五月黑虹見西南尾垂東北十六日晨有大星如斗自東北至西南墜地補纂參武塘野史六月十九日飛蝗蔽天不爲禾害楊志有星如斗赤色在東南隅歷旬不滅閏七月大雨水漲平岸補纂參武塘野史八月蟓蟲食禾根傷稼民饑楊志二十一日地震十二年癸丑正月望夜西塘南村鬼火壞列如城四月大雨二十餘日南城圮補纂參武塘野史是年大熟斗

米四分豐年民樂楊志十月初六日雷電十三年甲寅正月大雪十三日夜雷祥符蕩有江豚三月望大雨旬日水驟漲四五尺菜豆麥盡傷十六日二十一日皆雨雹五月復大雨水漲十月霪雨帀月害民收穫十二月桃李華天久陰十四年乙卯四月雨傷豆麥五月二十日午刻天鼓鳴二十三日龍見西關外冰雹六月旱十五年丙辰三月二十九日千窖鎮龍過飛瓦拔樹夏大水十一月二十八日雷十六年丁巳元旦雷電繼以大雪三月民疫菜豆麥皆不登四月二十四日午刻地震有聲六月不雨九月初七日未刻地震十月霪雨妨穫望月食十七年戊午三月霪雨無麥四月初五日地震大旱大疫十二月十八日午刻雷電十八年己未正月十五

日夜雷電補纂參武塘野史是年大水戈志武塘野史作夏秋大旱十一月朔彗星起西方色蒼白漸長占吳越有咎補纂參袁府志十九年庚申正月十五日夜雷電東南有星墜地色赤如火補纂參武塘野史是年旱戈志武塘野史作大水十一月朔冬至夜有星孛於西方白光如練橫亙半天兩月乃滅二十年辛酉正月大雪菽麥不登八月朔日食十二月十八日清晨雷電霾雨三十餘日二十一年壬戌三月十八日龍見大風拔木覆舟無數八月彗星見二十二年癸亥正月初七日午刻雷十六日月食二月至四月霾雨壞圩岸麥不登十二月初九日夜大雷電補纂參武塘野史二十七年戊辰六月十八日未時日旁有五色雲環繞俄頃郎散遠近喧傳日華補纂參府志二十八年己巳蟲傷稼三十一年

壬申正月初二日甘露降三十二年癸酉夏秋亢旱歲稔倍收三十四年乙亥大水經年田多淹沒秋大風三十五年丙子亢旱七月二十三日颶風作飛瓦拔木三十八年己卯秋大水四十三年甲申五月大水秋亢旱四十四年乙酉秋大水螭食禾四十六年丁亥六月亢旱歲大稔四十七年戊子五月大水斗米二錢四分志戈四十八年己丑洊饑多疫疾補纂參伊府志五十年辛卯夏梅里產芝一本五十四年乙未夏大水戈志五十五年丙申五月霪雨苗腐六十一年壬寅旱疫大饑補纂參伊府志

雍正元年癸卯秋旱歲大稔志戈二年甲辰夏旱七月十八十九日大風雨補纂參浙江通志三年乙巳日月合璧五星聯珠補纂參殿圖數

詰四年丙午秋冬雨禾滯田中十二月十二日飛鳧數萬蔽食之是年米穀多朽戈志五年丁未大有年補纂參伊府志七年己酉正月二十二日甘露降八年庚戌三月淸水兜醴泉出十一月二十八日地微動即止戈志是年雨水害稼補纂參伊府志九年辛亥民多疫九月螟食禾被災輕重不等十年壬子七月螟復生十六日颶風作學前石坊圮螟化蚊蚋八月二十日有穢蟲蔽空飛向東南去是歲歉收十一年癸丑亢旱歲歉戈志

乾隆元年丙辰年豐民樂連稔三載七年壬戌歉收八年癸亥十二月十八日彗星見九年甲子秋大水萬志伊府志載大有年十年乙丑六月大雷雹分湖數村農人衣多印紅印長短方圓不一洗淨如故補纂參分湖小識除夕甘露降十一年丙寅大旱十二

年丁卯冬無雪十三年戊辰夏亢旱十六年辛未九月二十七日冰雹十月二十三日雨着樹成冰枝葉錚錚有聲十七年壬申監生奚正寶家竹林中産芝三本四月初四日卯時地震六月初六日戌時有星大如斗自東北遊西南光芒數丈十八年癸酉大熟十九年甲戌八月十三日大風雨雷電交作一晝夜河水没岸二十年乙亥二月初一日南城圮二十餘丈七月十六日大風雨水溢如去年八月蟲傷稼歲大歉十二月初二日地震二十一年丙子二月初一日饑民萬餘至縣請賑三月石米價三千民間食盡以榆皮山泥充腹擁至富家索食設廠平糶民情乃定五月疫作秋大熟石米一千一二百文二十三年戊寅六月二十七日大雷電樞涇

南關帝廟臺柱盡裂萬志 七月某日薄暮黑雲一片從西來有聲所經之處蟲下如雨長百里廣里許蟲形如蠶而吳大如瓜子落田間四散飛去補纂參遺睡雜言 八月十四日颶風陡作大雨竟夜河水高丈許萬志 二十四年己卯六月五更時中天起一星如箒從東北指西南長數丈經月而隱補纂參遺睡雜言 閏六月二十八日申時有黑氣如虹自東而西秋蟲傷稼畝收僅石米價二千餘 二十五年庚辰春熟六月大疫至冬始定 二十六年辛巳三月十一日地震如雷十二月冰堅三日河港不通歉收騐圖叢話載是年日月合璧五星聯珠 二十七年壬午元旦日光見雙影旁有黑子七月初七日颶風暴雨壞屋拔木水驟漲十三日風雨又作水溢岸萬志 冬寒甚六十餘年所未有補纂參遺睡雜言

言二十八年癸未元旦日月合璧冬大寒大冰不開凍者半月二十九年甲申正月初五日亥時地震屋瓦有聲五月二十八日又震三十年乙酉秋蟲傷禾三十一年丙戌春熱是年冬至次年春大疫食油菜者多死三十三年戊子夏大旱四北區藪浜麥秀兩歧三十四年己丑自正月至六月大水禾被淹水退蟲食禾殘盡米價騰湧至二千七八百文七月有星自東北光射西南每於丁更時見萬志金星過日面補纂冬大雪二十餘日三十五年庚寅秋大風禾盡偃十月雷電是年無雪三十六年辛卯正月桃李盛開二十九日大雪平地盈尺萬志三十七年壬辰八月十一日大雨自辰至午水驟漲丈餘府志補纂參三十九年甲午夏喧傳有妖人剪辮其魂即爲

攝去既而果有失燃老亦無恙補纂參道聽雜言是年大有年四十二年丁酉冬無雪四十三年戊戌春無麥夏旱冬暖無雪桃李華四十四年己亥冬無雪四十六年辛丑正月初八日甘露降夏旱蟲食禾六月十八日午時大風雨至夜更甚拔木倒屋水漲丈餘十二月十二日晚甚戌時雷電交作風雨驟至四十七年壬寅六月二十五日地震九月十六日大風雷雨五十年乙巳夏大旱支河汊港皆涸五十一年丙午畝收三石一二斗不等是年各路亢旱籽粒無收故米價騰湧石値錢五千文五十二年丁未正月廿露降三日六月十二日申時東方有星大如甕瑚移至西北遂不見秋大熟五十四年己酉三月二十日地震自北至南萬志四月大雨雹補纂參伊府志

五十六年辛亥正月大雪一晝夜平地盈尺雪中有男女履跡各一兩兩相並自城至鄉遍地盡然本萬志外紀夏霪雨四旬五十八年癸丑正月至四月恒雨補纂參伊府志秋冬大疫五十九年甲寅生員錢渭腹家產芝三本七月初七日大風雨傾垣倒屋六十年乙卯九月二十八日有虹東北至西南其色黑十一月二十五日夜半地震十二月二十五日戌時南方有白光一道旁附大星十數遷移無定補纂志

嘉慶元年丙辰正月初九日大風大雪晝夜不止凝冰二十日湖蕩可徙行萬志秋有年二年丁巳夏麥大熟補纂參伊府志六月飛沙走瓦萬志逾除大雪三年戊午元旦雪霽積雪有痕如靴所印者遠近皆然補纂參[illegible]秋地震萬志六月旱七月霪雨補纂八

月二十五日戌時[illegible][illegible]徹天白北徂南其聲如雷九月（伊府志作十月）二十八日夜衆星往來如織唧唧有聲俄頃如雨凡二夜（萬志）

四年己未日月合璧五星聯珠秋大有年除夕地微動即止（新纂參顯閣叢話及伊府志）

五年庚申正月十六日大雪平地三尺餘

六年辛酉正月十一日潮水三至七年壬戌秋大有年（新纂參于府志）

八年癸亥夏及秋疫八月螟冬有黑星降於地大如碗自西北至東南除夕毒霧漫天惡臭難聞（新纂參于府志及分湖小識）

九年甲子春夏恒雨低田俱沒苗壞大豬後補種秋有年（新纂）十年乙丑三月恒雨無麥（新纂參于府志）十二年丁卯春夏閒大勝寺後紅光燭天居人誤以爲火近之無所見是科陳得均鄉試第一

國邑捷者九人（新纂）十三年戊辰五月大雨水米價騰貴每石

五千餘錢至明年始平（新纂參于府志及分湖小識）十四年己巳大有年（新纂參于府志）十五年庚午夏水不爲災七月朔毫然風過所甫雞兩翼毛盡爲翦去十月某夜二更縣兵門起鄉閧鳴鉦喧逐五鼓方息明年大疫（新纂參遺聞瑣言及楓涇小志）十六年辛未夏旱七月長星見八月大風雨寒甚禾被傷（新纂參于府志及分湖小識）十七年壬申春淫雨無麥秋有年（新纂參于府志）十八年癸酉大有年十九年甲戌夏亢旱四十餘日米貴斗米五百餘錢（據遑曆有羽士殷九松能禱雨吳蓋樓王[illegible]作法七日而雨邑侯杜以[illegible]日甘霖立沛新纂）二十年乙亥元旦大風日如晦春陰雨連旬夏麥大熟秋大有年（新纂參分湖小識及于府志）二十一年丙子九月十八日卯刻白虹見於東北（新纂參分湖小識）二十二年丁丑秋大熟初冬大雨連旬低區被淹（新纂）二十三年戊寅

歲大稔新纂參分湖小識二十四年己卯夏秋大旱歉收二十五年庚辰歲大稔冬疫新纂

道光元年辛巳四月朔卯時日月合璧五星聯珠新纂參于府志六七月間大疫名鈎脚痧死者無慮日秋有年二年壬午正月大雪及旱秋歉收三年癸未五月大雨連旬大水田禾盡沒六月中水稍退覓秧補種七月初二初九日大風雨水驟漲較五月增尺餘田禾復沒成災四年甲申萎稻半收五年乙酉秋歉收新纂六年丙戌訛言有叫人姓名者應之猝死妖人翦紙爲人入人家割取幼女乳及童子勢人心洶懼新纂參楓涇小志秋有年七年丁亥七月大風傷稼八年戊子五月霪雨傷禾九月不雨至明年春乃雨十年庚寅七月大風雨傷稼十一

年辛卯五月大雨水六月寒甚有傳言雪花飄者至秋冬積水不退歉收十二年壬辰五月恆寒七月旱米貴每石六千錢歲稔冬不雨多雪寒甚十三年癸巳春風雨連旬豆麥俱傷自秋徂冬復霪雨不止水稻狼籍歉收十四年甲午七月大風雨水驟漲不害稼十五年乙未五月旱秋大有年十六年丙申訛言邑多火災二月二十五日未時福星庵千手觀音殿火三月初一日慈雲寺千佛閣火延及僧房三日不熄十七年丁酉亦不成災秋疫十八年戊戌七月大雨水于府志載大有年十九年己亥正月朔雷電大雨繼以大雪七月連雨傷禾不成災九月初六日地微震二十一年辛丑春久雨傷豆麥九月初九日大雨雹十月大雪雨晝夜平地數尺晚禾未

及收漸田中飛蝗千萬成羣自北而南食穗無遺十二月朔地震有大星隕於東南衆小星隨之二十二年壬寅六月朔日食既二十三年癸卯秋歉收二十四年甲辰十月二十三日地震新纂小除夕夜半雷電交作大雨如注新纂參分湖小識二十五年乙巳十一月下旬烈風寒甚河港冰凍十餘日二十六年丙午六月十二日丑刻地震訛言有妖人翦人辮髮並雞毛二十七年丁未七月二十二日夜大風拔樹二十九年己酉五月霪雨浹旬水驟漲田禾淹沒米騰貴民饑富戶平糶賑粥三十年庚戌正月十六日夜有白氣竟天四月菜豆麥大熟八月大風雨水漲田禾淹沒米貴石六千錢新纂

咸豐元年辛亥八月初二日大風飛瓦大雨水漲三年癸丑三

月初七日夜地大震窗櫺屋瓦搖撼有聲後屢震不已地生白毛五年乙卯正月二十九日夜地震十一月二十七日二十八日俱地震牆屋搖動河水沸騰地生白毛長至尺六年丙辰正月二十六日夜西南有大星向東北流隆隆有聲光芒四射六月亢旱枝河皆涸秋蝗災米騰貴入中區民家豕生象七年丁巳七月風雨傷稼米貴石六千錢新纂八年戊午秋地震新纂參雪門詩鈔民病疫八月彗星見西方光芒數丈月餘始滅十年庚申春夏竹盡花地生毛如髮瓶山凝和道院雞星臺銀杏樹皆出煙六月西北一大星東南行有聲七月十二日粵匪陷城九月桃李華蔡浜朱姓家鐵樹華十月初八日天鼓鳴十一年辛酉五月彗星見長亙天七月初九夜星

隕如雨八月朔日月合璧五星聯珠新纂十九夜鬼嘯其聲魏魏遍地皆是新纂參樞徐小志十一月十二日晨雷十二月二十五日大雪何餘平地積五六尺河盡凍半月始解新纂

同治元年壬戌正月大寒人多凍死夏大疫秋米騰貴斗米千錢二年癸亥海溢河水皆鹹田禾多死冬城復後南門外出獸似虎不傷人遷中區北翠圩有獐三年甲子六月初十日夜大風拔木四年乙丑秋田生蟲青色黑喙如蠶卷葉作網害稼五年丙寅春夜陰兵四起搒鬧見形新纂七月十八日天既暝忽東南上閃爍有光似電非電雲影迸裂星斗俱沈從變紫色瞬息若墨而星斗復出六年丁卯十一月初四日天未明有星見震方色白形長如龍有頭尾捲而上圓如日其

色赤其光灼然達旦而滅新纂參楓涇小志七年戊辰七月朔日食既八年己巳十一月夜陰兵復起隱隱自東北至西南新纂九年庚午四月十三日大風毁屋新纂參雲門詩鈔十年辛未秋疫新纂十一年壬申三月十一日大雨雹八月十九日地震自西而東新纂參雲門詩鈔十二月初五日颶風大作十二年癸酉夏秋亢旱九月有蟲食禾根形似黑蝶秋收冬多雪十三年甲戌二月十八日申刻日見三影夏金星過日面新纂

光緒二年丙子夏有妖人翦辮或云夜角弄訛言夜閒放紙人魘人名魘猫人心驚惶終夜鳴金逐之或言硃書龍篆籙門字於黃紙貼戶牖間能辟邪至七月始定又有戳印之証楓涇小志載楓涇鎮南有人納涼夜坐忽覺臂上有異就火燭之見臂上紅暈圓徑寸擦之不去後亦無恙六月

十三日夜大風拔木七月金星晝見三年丁丑七月飛蝗蔽
野害稼十一月大雪六年庚辰秋歉收七年辛巳夏秋彗星
見西北八年壬午五月二十三日大風雨拔木平地水盈尺
米價貴後又久雨秋東方起大星有白光一道長丈餘二更
始見天明隱半月而滅田禾歉收九年癸未夏旱疫牛冬日
沒時東南紅光燭天如火星斗上猶未退數月始息十一年
乙酉夏秋交大疫日晡後人不敢外行田禾歉收十一月二
十一日夜流星滿天自西北至東南唧唧有聲終夜不息十
四年戊子秋疫田禾歉收十五年己丑秋八月至十月霪雨
四十日田禾盡淹腐爛無收西北鄉尤甚民饑東西門四鎮
平糶請撥款發賑糧賦不徵十六年庚寅秋疫田禾仍歉收

十七年辛卯夏秋交大疫地生白毛長者四五寸田禾歉收更甚冬無雪十八年壬辰正月初五日雷十六日晝霧五月初八日九北區陳天浜鄉民郭金安妻一產三男六月至閏六月一月不雨飛蝗過境不害稼七月不雨秀稻遇西北風穀多黑歉收戚家浜范姓家畜一豕外皮忽脫色白而身光飼之如常十一月下旬寒甚河蕩堅冰十餘日舟楫不通十二月初二日夜北關外陰兵起初十日大雪二晝夜平地積三尺十六日晝大霧雨秀花木多死十九年癸巳四月麥有收十月不雨二十年甲午正月朔日食二月望月食三月朔日又食夏秋旱水西流新纂

【康熙】平湖縣志

（清）朱維熊修　（清）陸葇纂

清康熙二十八年（1689）刻本

災祥

明

景泰元年正月大雪二旬間有黑花凝積至丈餘民多饑死鳥鵲幾盡是夏霪雨傷稼大饑

二年夏旱大饑斗米百錢道殣相望

五年二月大雪四十日不止平地數尺民間房屋俱壓毀六月大疫死者相枕

天順四年五月大水傷禾饑

六年大旱運河竭

成化六年正月大水無麥

十二年十二月恒寒冰凝踰月舟楫不通

十五年九月二十日地震尋倭寇作浦

正德四年夏旱七月七日雨驟至如注下至十月禾山禾傷爛民大饑

五年大水傷稼民苦饑流移者半

六年春夏大疫死者枕藉

十一年夏地震

嘉靖二年春夏大饑

三年二月十五日夜地震夏秋米騰貴

七年十月十三日地震

八年秋蝗不傷稼大水傷稼

十七年禾蹲米價踊民饑死

十九年大旱飛蝗蔽日食稼民大饑

二十三年大旱禾稼無收米價騰貴至二兩二 擠民

食草木

三十四年夏大疫饑莩盈野塞河魚族腥穢不可食

三十年李樹生王瓜謗云李樹生王瓜百里無人家

已而倭冦剽殺甚衆

三十一年有鴛鴦飛集于屋

三十四年九月初八日未申時有青黑紫色如日狀

者數十與日相盪俄而數百千萬彌天者半逾時

向西北散去

三十五年三月地生白毛又有黑者形如亂髮丈尺

河濱有血湧出如泉如是者三四處十八都[illegible]

天鼓鳴于西北

三十七年有馬道人爲孽嘉湖間剪辮乃具焚去方公遺徒黨徧嚇料郭男婦洙騙時即爲所魘遶近大開各戶多懸鏡鐃鏡鐃四字以厭勝之說吉妖興逾三四月始息

三十九年地震自西北頃刻遂止

四十年霪雨大水禾多渰死

四十二年秋施武畧墓前水涸如潮諸港徹底奔赴遶墓水高數尺踰時乃復是日爲元輔鳳來誕辰

隆慶二年民間訛言選宮男女未及笄冠婚娶畧盡

老穉非偶

三年十一月二十夜地震

四年三月湯山陳山發赤光燭天至五年不絕

萬曆三年五月朔日食既午中星斗盡見六月海嘯

廬舍漂沒

五年九月二十八日西南有一星甚大衝出紫氣彌

天

七年夏四月大水

八年閏四月大水民饑

九年方伯張大忠家廳柱石盤上忽產一九莖紫

高數尺用鐵籠罩之大張筵賞邑令劉亦有詩紀

後年餘張卒

十四年秋霪雨

十五年大水風拔木

十六年旱無穫饑死無算秋有白龍騰海上紅光亘

天空中遙見龍首下垂鱗甲奮張晃晃若摩鉀兩

角間有金冠紫衣仗劍立者其神長尺許雲水騰

沸咫尺瞞貿龍忽戲叫頷下珠光芒團圞大如斗

粲粲一似中秋月頃之遂收約在僧院前水中央

東瀨水盡涸學前樓屋石坊俱壞空中拽人舟今

騰奔不知去向者

十七年大疫積屍滿道河水不流

十八年春霪雨三月不止稻腐不收

二十一年夏有大星隕予新倉化爲石聲聞數十

里徹遠近

二十二年八月有人從平湖帶一黄色牝雞至郡

門外三足後有兩彀各自生卵衆共見之

二十九年五月二十四日南門人獲白龜有角歲八

後又獲一鼈背紋有流落江湖四字好事者買八

放之

[illegible]年十一月地震

三十四年春學宮前平地湧出醴泉清芬不竭

三十五年四月初四日有黑光如日者數十與日盪

三十六年五月二十四日黑赤光與日鬬二十七日黑赤日復鬬是年大雨累月不止室廬俱壞田可行舟非極高阜處則粒米無收

四十年夏大疫

四十三年七月十八日天裂

四十七年三月初黄霧四塞者再至對面不相見

四十八年春地震四月施太史僕家公鷄生子形如
雀卵色紫

天啓元年春訛傳選宮爭相嫁娶

二年二月二十四日飛沙蔽天聚沙成堆其氣甚腥
日出無色

三年十二月二十二日申刻地震

四年正月十一日雨色如黑水二月三十日日無光
旁有黑口摩盪初止二三後至十百計如是者
餘

五年八月初一日白晝星見月旁

[illegible]七月初一日大風波水驟雨如注[illegible]尽俱[illegible]

一 鹽役方息

崇禎元年七月二十三日大風海溢壞獨山等處民
舍[illegible]百區湖水成鹵夜有[illegible]光若燐

四年十月二十日天鼓鳴

五年自五月至七月不雨六月二十日黑眚見

六年六月二十五日大風發木文廟兕石坊倒者十
[illegible]二縣舍咸毀

七年蟲害稼

九年六月丙子夜有星大如斗色赤芒耀約十丈自

西南旋而東舉者雷

十一年春梯雲橋北內外王瑞麟家雞生一卵甚大破之中又有一卵殼甚堅

十二年四月初八日雨雹一晝夜至五月初九日禾稼淹沒十七日復淹米至石二兩

十四年夏大旱三月不雨五月二十八日飛蝗蔽天道殣相望不避輩伺有孤行者剽奪之致通城外絕人往來

十五年夏秋大旱積屍橫道朝所見屍及暮見之[illegible]復前屍矣

十六年夏大旱民不堪饑相率而掠有米之家謂
官米
十七年二月初一日白虹貫日
皇清
順治二年六月終夜流星往來如織
六年孝廉陸濬睿家廳前開雙頭牡丹
八年旱饑秋米價騰貴每石四兩五錢
十二年秋大水入室夜臥醒多不知履所在
十四年方伯陸之祺別業中生並蒂蓮花
十五年八月初九初十日連晝夜大雨平地水深二

尺

十六年夏黑眚見

康熙六年冬石米四錢五分

七年正月二十七日戌時白虹見西方六月十三日

太白經天十五日晝星見六月十七日戌時地震

白毛生

八年大雨七八日不止水沒行路

十一年秋禾自枯死如席如箕如笠鄉人名箬帽瘟

十二年韓家帶民家雞雛生四翼四足九月太白經

天

嘗[illegible]四門養濟院瞽者與妻行乞于市[illegible]

大如斗每出閭索施三文

十六年雅山虎傷人畜斃之

十七年六月十二日青氣彌天

十九年八月初二日雅山裂石起蛟大雨水溢作漲

海濱斬蛟一段氣甚腥其大如箕節骨可作舂臼

十月初四日彗星晨見東方十一月初二日復見

西南蒼白色尾長五六丈

二十年正月二十二日子時大雪雷電

二十一年四月初四日張婆灣沈姓產一男髮生于

爾賢妻在臘後門健一小圓竅二目豎其一怖而
繇之

二十二年二月大雨至四月下山無麥

二十三年八月初四日戌時雨後九頭鳥千百其羣
者徹夜啾喚翔室若舉形狀自北南去號以爆竹
逐之是秋人多疴祟之疾

二十六年四月聯大易巷县二鄉暴風雨冰雹大如
升次如拳擊春田所植盤盡

二十七年六月十八日未時月旁有五色雲環繞歲

培郎敏達近暄傳曰誌

（清）路錞修　（清）張躍鱗纂

【嘉慶】平湖縣續志

清嘉慶十一年（1806）刻本

嘉慶甲子平湖縣續志卷三

知縣事路鐏修

祥異考

祥異史之五行志也王志入于外志傎矣今特爲一篇

作祥異考

乾隆五十四年夏四月大雨雹傷麥五十五年夏四月縣城新街衖平地湧出水銀里民爭以木器取之食頃仍隱冬十二月大雪平地尺中有巨人跡一旬乃釋五十六年夏四月淫雨四旬有五日乃止大無菽麥斗米錢三百秋木綿不實

婦休織五十七年秋七月颶風拔木五十八年夏秋疫九月二十五日日午倉橋東水立高丈餘越三日東湖高墳漾水立五十九年秋八月淫雨旬餘

嘉慶元年春正月九日風雪大寒東湖冰堅旬有二日乃泮麥及果樹多死秋有年二年夏麥菜大稔秋有年三年春二月二十一日雨雹雷震東湖文昌閣破一柱夏六月越有小旱秋七月雨冬十月晦衆星東南流如織逾時乃止四年秋有年除夕地動五年春正月旣望大雪平地三尺餘六年春正月十一日海潮日三至七年秋大有年八月十三日雷擊

先師廟大成殿鴟吻是日日午天際黑雲四起中有雲一片如墨自西飛至大成殿即劈歷一聲四簷下白煙回繞大小火球無數從烟中墜地後園竹木皆灼大雨隨注霽後見殿西北牆楹并簷桷兩層皆擊碎西南廊楹劈為三東南廊楹自上至下有一線爪痕直入石礎殆有妖物潛憑故雷為驅除也　冬十二月連日大霧十三日雅山有虎在山洞中名獅子口鄉民斃之八年春正月十一日東湖潮日三至夏秋疫人家爭粘戴臟鐵三字於門以禳八月螟害稼九年春恒陰淫雨夏五月二十三二十四兩日雨尤大晝夜不止瀕河田有沒者斗米錢四陌餘秋有年嘉禾多三四穗者

【光緒】平湖縣志

（清）彭潤章等修　（清）葉廉鍔等纂

清光緒十二年（1886）刻本

四品銜升用同知平湖縣知縣彭潤章修

外志 祥異 叢記 寺觀 釋道附

祥異 按盛世不言祥瑞亦罕氛祲紀祥異一篇可畧而勿載然鷁飛星隕屢見於經龍門石言備詳於傳前志分年絫載王志併於一朝以次挨列茲復重加采緝續而補之庶後之人有所考證焉

明

宣德十年秋大風潮暴溢海岸盡崩 九山補志

景泰元年春正月大雪二旬間有黑花凝積至丈餘民多飢死鳥鵲幾盡是夏霪雨傷稼大饑 二年夏旱大饑斗米百錢道殣相望 五年春二月大雪四旬不止平地數尺民間房屋俱壓毀夏六月大疫死者相枕籍 程志

天順二年秋海溢溺死男女萬餘人九山補志府志作三年誤 四年夏五月大水傷禾饑 六年大旱鹽運河竭程志作運河從王志改

成化二年秋七月海溢大水敗稼九山補志府志作八月 六年春正月大水無麥程志 七年秋七月初三日及九月初一日海溢 八年秋七月十七日海大溢平地水丈餘溺死無算九年十年海俱溢九山補志 十二年冬十二月恒寒冰凝踰月舟楫不通程志 十三年春正月雷大雪海溢溺民居 十四年海復溢九山補志 十五年秋九月二十日地震卦倭寇乍浦程志

宏治十八年秋九月十一日夜地震屋瓦皆鳴次日地生白毛府志劉志

正德四年夏旱秋七月七日雨驟至如注下至十月不止禾多腐

稍歲大饑　五年大水傷稼民苦饑流移者半　六年春夏大疫死者相枕藉　十一年夏地震程志十二年春二月二十三日雷電大雨雹傷麥冬十一月雷震大雪十二月乃止府袁志

嘉靖元年海溢九山補志二年海溢春夏大饑　三年春二月十五日夜地震夏秋米騰貴　七年冬十月十二日地震　八年秋大水傷稼程志十五年海溢九山補志十七年禾蹲米湧貴民饑死　十九年大旱飛蝗蔽日食稼歲大饑　二十三年大旱禾蹲無收米價騰貴石二兩民食草木　二十四年夏大疫餓殍盈野塞河魚族壁穢不可食　三十年李樹生王瓜諺云李樹生王瓜百里無人家已而倭寇剽殺甚衆　三十一年有鴛鴦飛集於屋程志三十三九山補志作二年有大魚浮海至乍浦身高於城數日不去巡按胡宗憲爲

文祭之遂乘潮逝王志　五湖外史云後宗憲督兵戰於海倭順潮直犯勢不能當忽有物如牆中斷倭舟視之魚也乃知郎向所祭者　三十四府于志作三年秋九月初八日未申時有青黑紫色如日狀者數十與日相盪俄而數百千萬彌天者半逾時向西北散去　三十五年春三月地生白毛又有黑者形如亂髮夏五月河濱有血湧如泉如是者三四處冬十月二十日天鼓鳴於西北　三十七年有馬道人爲孽嘉湖間竊楮爲兵焚刦地方分遣徒黨徧哄村郭男女深睡時郎爲所魘遠近大閧各戶多懸齓齻齻齓康熙字典云字出道藏四字以厭勝之訛言妖祟逾三四月始息　三十九府于志作八年地震　四十年霪雨大水禾多渰死程志

隆慶二年民間訛言選宮人男女未及冠笄婚娶畧盡老稚非偶程志　三年夏閏六月十五日大風雨海溢九山補志　冬十一月二十日夜

地震程志四年春三月湯山陳山發赤光燭天至五年不絕程志萬曆三年春有巨鳥從海南來大如舟翅如車輪夏五月朔日食既午中星斗盡見二十日夜大風雨海水湧溢漂沒數十里九山補志五年秋九月二十八日有大星出西南紫氣彌天程志七年夏四月大水白龍從西北來尾帶乍城墮一角南河塘積水三畝一時都涸九山補志八年夏閏四月大水民饑程志九年布政張大忠家柱礎產九莖芝王志叢記大忠作春字按程志入十四年秋霪雨十五年秋七月二十一日大風雨海水大至九山補志十六年旱無穫饑死無算秋有白龍騰海上紅光滿天司業沈懋孝見龍首半垂兩角間有金冠紫衣之神長尺餘仗劍而立龍忽吐頷下珠光芒團圓大於斗頂之遂收約在塔院前水中東湖水盡涸學前樓屋石坊俱壞空中拽人舟而騰有不知去向者程志十七年大疫積屍滿道河水不流十八年冬霪雨三月不止二十一

年春夜徧野皆火人聲喧雜遠近驚駭卒無蹤跡月餘乃寂夏有大星隕於新倉化爲石聲聞數十里光徹遠近程志 二十二年秋八月有黃色牝雞三足後兩竅各生卵高志 二十七年圖澤鄉人掘土見一泥龍長數丈鱗爪眉角宛然如生王志 三十二年冬十一月地震程志 按府志有九日二字 三十四年春學宮前平地湧泉清芬不竭王志按程志入叢記 三十五年夏四月初四日有黑光如日者數十與日相盪程志 三十六年夏五月二十四日黑赤光與日鬬二十七日復鬬是年大雨累月不止室廬俱壞田可行舟歲歉 四十年夏大疫 四十三年秋七月十八日天裂朱志 四十六年冬十月夜半東北有白光一道直衝西南亘數十丈形如刀劍鋒芒可畏天明方隱如是者經月王志 四十七年春三月黃霧四塞者再至對面不相見朱志

四十八年春地震夏四月施太史僕家公雞生子形如雀卵色紫
六月米價驟貴石一兩五錢朱志參王志
天啟元年春訛傳選宮女爭相嫁娶如隆慶時程志參王志　二年春二
月二十四日飛沙蔽天聚成堆其氣甚腥日出無色　三年冬十
二月二十二日申刻地震　四年春正月十一日雨色如墨水二
月三十日日無光旁有黑日摩盪初止二三後至十百計如是者
月餘冬南城彭姓殺雞腹中有如人頭者口鼻皆具　五年秋八
月初一日白晝星見月旁　六年秋七月初一日大風拔木霪雨
如注室屋俱毀兩晝夜方息程志
崇禎元年秋七月二十三日大風海溢壞獨山等處民舍數百處
湖水成鹵夜有浮光若星朱志　四年冬十月二十日天鼓鳴　五年

夏五月至七月不雨六月二十日黑虹見　六年夏六月二十五日大風拔木學宮圯石坊倒者十有三居舍咸毁　七年蟊害稼　九年夏六月丙子夜有星大如斗色赤芒耀約十丈自西南流而東聲若雷　十二年春丙肆王瑞巖家雞生一卵甚大破之中又有一卵殼甚堅　十三年夏四月初八日雨徹一晝夜至五月初九日禾盡淹石米三兩　十四年夏大旱三月不雨五月二十八日飛蝗蔽天道殣相望不逞輩伺有孤行者剽奪之周城外絕人往來　十五年夏秋大旱積屍横道朝所見屍及暮見之非復前屍矣　十六年夏大旱民不堪饑相率而掠有米之家逼糶官米　十七年春二月初一日白虹貫日朱志

國朝

順治二年夏六月終夜流星往來如織朱志八年夏旱秋米價騰貴每石四兩五錢　十三年秋大水九山補志十五年秋八月初九日太雨雨晝夜平地水深二尺　十六年夏夜黑眚見朱志

康熙三年秋八月二十一日大風海溢九山補志六年冬石米四錢五分　七年春正月二十七日戌時白虹見西方夏六月十三日太白經天十五日晝星見十七日戌時地震生白毛　十一年秋禾自槁死如席如箕如笠鄉人名箬帽瘟　十二年韓家帶民家雞雛生四翼四足秋九月太白經天　十七年夏六月十二日青氣經天　十九年秋八月初二日雅山裂石起蛟旋斬落一段氣甚腥其大如箕節骨可作舂臼冬十月初四日彗星晨見東方十一月初一日復見西南蒼白色芒長五六丈　二十年春正月二十

三日子時大雪雷電　二十一年夏四月初四日張婆灣沈姓產一男勢生於額腎囊在腦後口僅一小圓竅三目監其一怖而溺之　二十二年春二月大雨至夏四月不止無麥　二十六年夏四月晦大易齊景二鄉暴風雨冰雹大如升次如拳傷菽麥幾盡

二十七年夏六月十八日未時日旁有五色雲朱志　二十九年冬十一月大雪八日河皆凍斷　三十五年秋七月二十三日颶風拔樹　四十五年春夏霪雨米價翔貴西畇筆談　五十年海上夜見旗幟疑爲賊跡之無影相傳爲陰兵云乍浦備志

雍正二年秋七月十八日大雨湖海並溢浙江通志　四年春正月十四日訛言屠城闔城驚竄知縣楊克慧廉得造言者痛懲之衆乃定

五年大有年穀有一莖兩三穗者　九年秋蟊傷稼　十年春

米涌貴秋蝗又傷稼王志

乾隆二年秋九月二十六日新倉監生徐士穀妻張氏一產三男

題奉

恩賞銀九兩二錢　三年壽婦平宋氏一百一歲題奉

恩賞建坊銀三十兩又加賞內府緞一疋銀一十兩高志　十三年夏五月

旱米價騰貴王志　秋大疫民間謠曰過得戊辰年便是活神仙乍浦備志

二十一年春夏米貴大疫　二十七年秋七月十三日暴雨水溢

陸可行舟冬奇寒湖冰堅厚舟楫不通　三十二年夏六月旱

三十七年秋八月十一日大雨如注水驟漲丈餘　三十八年

秋七月二十二日黎明大風雨空中有物自東南迤西北去所過

發屋拔木沈氏廳移尺許舟有擲至數里外者　四十六年夏六

月旱十八日颶風陡作大雨竟夕廬舍飄蕩海溢河水皆鹹水退
田中獲海蟄無算冬十二月十二日大雷電　四十七年秋九月
陳家河有物空中過冰雹隨之迤北一帶稻田數百畝被擊罄盡
五十年大旱河港皆涸　五十一年春石米錢五千　五十二
年大有年冬十二月二十一日大雪盈尺二十四日連夕霧淞占
者謂豐年之兆王志　五十四年夏四月大雨雹傷麥　五十五年夏
四月縣城新街衖平地出汞冬十二月大雪雪中有巨人跡二旬
乃消　五十六年夏四月霪雨四旬有五日無蔴麥斗米三百錢
秋木棉不實　五十七年秋七月颶風拔木　五十八年夏秋疫
九月二十五日日中倉橋河水立高丈餘越三日高墳漾水立
五十九年秋八月霪雨經旬路志

嘉慶元年春正月九日風雪大寒湖冰堅凍旬有二日乃泮麥多凍死秋有年　二年夏菜麥大稔秋有年　三年春二月二十一日雨雹夏六月旱秋七月霪雨冬十月晦衆星東南流如織逾時乃止　四年秋有年除夕地動　五年春正月既望大雪平地三尺餘　六年春正月十一日海潮日三至　七年秋大有年　八年春正月十一日東湖潮日三至夏秋疫人家爭粘戴臟𢧵三字於門以禳八月螟害稼　九年春恒雨夏五月二十三日大雨兩晝夜瀕河低田俱沒斗米四百錢秋有年禾多三四穗者路志纂　十九年夏六月朔縣西大火延燒二百餘家　二十四年夏四月初十日戌時雨雹秋大旱　二十五年冬疫新纂

道光元年夏大疫俗名弔脚痧死者甚衆　二年春正月大雨雪夏大

旱六月十一日乍浦木場火兩晝夜始滅　三年夏五月大雨水災秋七月初二日大風拔木暴雨如注二十九日大風海嘯　四年秋九月二十日邑署大堂火　七年夏六月二十八日夜星隕於韓家埭秋七月二十三日大風傷稼　八年夏五月霪雨傷禾秋九月不雨冬不雨　九年春三月乃雨　十年秋七月二十一日大風雨傷稼　十一年冬十一月霪雨米貴　十二年夏五月恒寒秋七月旱米石六千錢冬不雨　十三年春三月乃雨浹旬不止豆麥俱壞夏蟲嚙木棉幾盡冬淫霖晚禾歉收　十四年秋七月二十四日大風雨水驟長丈餘　十五年夏五月旱河水涸六月十四日夜大風海溢人多溺死秋八月霪雨　十七年秋疫十八年秋七月大雨新纂冬大有年府志　十九年春正月朔大雨

迅雷是月大雪三月初四日夜新倉雨雹新纂秋九月初六日地動府志于二十一年冬十月有野鴨自北來羣集稻田食穗幾盡十一月大雪平地五尺十二月朔地震有大星隕於東南衆小星隨之　二十三年豆有如人面者　二十四年冬十月二十三日地震　二十五年夏五月戚家蕩豬生一象越日即死　二十六年夏六月十三日夜地震有妖人剪雞毛　二十七年秋七月二十二日夜大風拔樹　二十八年夏六月二十日夜海水衝白沙灣淹民居　二十九年夏五月霪雨浹旬水溢米驟貴　三十年春正月十六日夜白氣竟天二月初九日夜乍浦四牌樓火延燒二百餘家秋八月大風雨田禾淹沒米騰貴石六千錢新纂

咸豐元年秋八月初二日大風屋瓦皆飛雨暴注水驟長五尺

三年春地屢震生白毛　五年春正月二十九日夜地震冬十一月初九日新倉黃氏婦一產一男四女二十七日戌時二十八日未時迭次地震牆屋搖動河水沸騰白毛生長至尺　六年春正月二十六日夜有大星自西南流至東北光芒四射隆隆有聲夏六月旱秋蝗冬斗米四百五十錢　七年秋七月風雨傷稼米貴石六千錢　八年秋疫八月彗星見西方光芒數丈月餘始沒　十年春正月十二日迎春東郊牛逸秋七月城陷冬十月初八日天鼓鳴十一月二十四日新溪鎮有羣鳥蔽天鳴甚哀二十五日粵寇至焚掠一空　十一年夏五月彗星復見西北冬十二月大雪平地丈餘新纂

同治元年春正月大寒人多凍死　二年海溢海甯塘圮河水皆鹹田

禾多死　四年秋禾死　五年春夜空中有人馬聲燐火徧野髣髴見形絡繹不絕俗言陰兵起　八年冬十一月夜空中人馬復見隱隱自東北至西南　十年秋疫　十二年夏秋大旱田禾減收冬多雪新纂

光緒二年夏有妖人剪辮弁訛言有妖魘人六月十三日夜大風拔木是月至秋七月金星晝見　三年夏五月二十三日大風壞民居秋七月蝗冬大雪牆屋凍裂　七年夏秋彗星見西北　八年秋彗星復見東北新纂

【民國】平湖縣續志

季新益、柯培鼎纂

葛氏傳樸堂抄本

平湖縣續志卷十二

外志

祥異

光緒九年夏旱牛疫死者萬計鄉民乏牛耕種田多就荒

十年冬紅光燭天晨夕兩見朝先日出而紅於東晚來日入而紅於西數月始絕

十一年十一月二十一日夜星隕如雨自西北至東南

十五年秋霪雨河水溢數尺禾稻盡沒米價翔踊

十八年冬奇寒東河之冰堅可渡人航路不通者累日

二十一年夏秋之間疫氣流行死亡相繼

二十八年夏大疫死亡之衆視二十一年更甚竟有無從購棺者

宣統元年十一月廿七日夜亥刻地震十數秒鐘

十二月中旬有彗星見於西方射二三丈黯淡不甚明

【嘉靖】海鹽縣志

（明）夏浚修　（明）徐泰纂

清抄本

海鹽縣志卷之五

雜志第五

吳赤烏五年黃龍見

南宋元嘉十一年獲白烏楊州刺史彭城王義康以獻

泰始元年獲白烏太守顧覲之以獻

宋紹興二十年有海鰍乘潮至群鰕從之聲若謳歌閣

于沙島齊縣門長百丈海民臠其肉轉鬣壓死十數人

元大德九年蝗

皇明天順元年大旱河竭

嘉靖六年有海鰍乘潮至閩于沙長十七丈有奇海民齎食之　崑山方廣子鵬觀海記嘉靖丁亥予觀海于海鹽襄陽涂君子正為言昨有大魚乘潮而來潮涸不去海壖之民望之若舟即之則魚膚緣無鱗循有長毫勁如馬鬣長可寸七八丈廣半之高可三丈口之廣半之屑於沮洳不能反側海民操利刃競割其肉人而覺其鳴如虎嘯衆皆辟易割之三日乃盡今其骨皆為有力者取去止存鼻柱長可丈餘于緋細久之不能無感焉昔魚之在大壑意縱體舒雖與海俱存可也奈或宜行遂爾失勢以充推夫漁子之腹可哀也已古之以豪傑自擬者心雄萬夫傲睨一世執滸而海之一旦遂宦途羅法網幾不能保其身若太白長流於夜郎种放見斥於晚節是皆有以自取也

七年正月甲午夜忽燈火千數散落海濱若人持以行居民大驚為寇焉至踰時乃滅成化十三年嘗一見之

六月蝗來時田中水蝗不集

十一年六月蝗来忽大風蝗盡入海死漁網多得之

南宋泰始中臨海亾命田流將黨與出海鹽放兵大掠

梁太清中侯景將宋子仙攻錢塘邑人陸黯舉義兵千人襲殺其偽太守蘇單于子仙走

宋建炎三年十二月北虜至自臨安賈機宜收殘兵數百拒之

元正至十六年偽吴張士誠弟士德攻海鹽乍浦鍾氏拒之

至正間苗軍過

皇明正統七年倭寇(復)犯境成化年倭寇復至嘉興府同

知趙哲戒嚴乃退

唐貞元中有戴文者富而貪舉債必收利數倍鄰有受

其刻削不能堪乃時時怨恨之曰戴文何時償我及文

死會鄰家牛生黑犢脇下白毛成戴文字鄰爲以戴文

也日鞭之曰戴文戴文文子乃耻之求贖焉以烙熨去

其字鄰從之文子則以牛身無驗訟之官冀雪其耻縣

追牛至則戴文字復斑斑生矣試呼戴文牛即應聲至

鄰人後恐文子盜去夜必閑之數年乃死
元至正丙申寒食趙初心宰子姪（姪）婦壠忽老鶴聲戛戛
不絶注聽乃一柏樹頃則衆樹同聲和之移時方止至
八月苗軍火其居明年六月紅軍掠其（家）侄善如死焉
又趙君舉昔營室宰猪落成化猪腸迸地如蛇蜿蜒而
走越明年則家國亡矣

【康熙】海鹽縣志

（清）彭孫貽、童申祉纂

稿本

災祥

氛祲必書謹天戒重民事也漢末太史官日月薄蝕多奏自郡國李沆謂人主當知四方艱難有道之朝其言祥瑞馬嘷以折海不揚波者垂二十年生遂則未也歲屢凶俗愈侈寬恤令日下下不見德雖荒民捻禍災識者憂之是爲紀

吳赤烏五年黄龍見縣井中

宋元嘉十一年　六月乙巳縣人王説獲白烏揚州刺史彭城王義康以獻

泰始元年六月丁已白烏見太守顧凱之獲以獻

明嘉靖十九年四月甘露降凝結如霜樹爲之白三

十五年四月人降秋大稔四十一年夏復降二麥大

熟

萬曆元年四月甘露降

二十六年靈祐寺殿梁芝生是年有禾一莖兩穗野

人以獻于縣

四十六年慶壽寺殿柱芝生

皇清順治十二年八月丙子夜天花徧墜城野香氣

滿空　城南梵勝庵白蓮一莖兩花

十四年四月蜀家亭麥秀兩歧

康熙十年三月鄉賓俞嘉[illegible]園亭牡丹一莖兩花

唐貞元六年大旱井泉竭人暍疫

中和四年旱大饑

天復三年十二月大雪海有冰

宋皇祐二年十一月丁酉地震有聲自北起如雷

紹聖元年秋海風潮害民田

紹興二年大饑斗米千錢

二十四年四月有海鰍乘潮至犀鰕從之聲如謳歌

閘于沙高齊縣門長百丈海民臠其肉轉鬻壓死數

十人
二十八年秋大風水溢
隆興元年七月大風雨水傷稼
二年七月積雨水浸城根
乾道元年大饑餓徙不可勝計
三年八月雨至于九月禾稼腐
淳熙十四年饑民有流徙者　紹熙四年冬不雨至
于五年之六月　五年七月乙亥大風駕潮至久旱
鹹水暴溢稼盡腐民饑
慶元三年塡

五年夏秋大旱　九年秋蝗至不傷禾一夕飛去

十年四月有大魚至藍田浦閘海灘上長十餘丈民臠食之

十三年夏大水米價踴貴亂民群掠富室　有虎至藍田廟鐵工胡廿六馬逐虎被傷數日死虎夜去

十四年二月至六月不雨河涸禾盡槁五月蝗至不傷禾六月十二日大雨二日河盡滿民復耕種蝗又至遍天不斷者五日七月蝗子生食苗盡月杪苗復茁蝗子復生食禾民大飢

十五年春大飢死亡滿野　三月十二日天雨沙日

生雨珥　八月晦有大星如斗小星數十隨之自西
北至東南隨地有聲光芒數十丈幽暗皆明
皇清順治三年六月二十六日將暝有星自北流西
南墜地白光亘天如匹帛數刻方滅
五年三月雨雹小者如雞卵損麥
八年四月十日雷震天寧寺塔七層欄楯俱傷有瓜
距蹟
九年六月初九日飛雪天寒　七月彗星見東南至
八月杪方沒　十月二十五日黑虹夜見人民驚喧
夜方沒

十年閏六月二十四日夜三更紅日出東北方大如

斛夜明月始昇滅不見

十一年六月十七日夜月生兩耳　十二月大雪海

凍不波官河水斷

十二年夏秋大旱苗禾秸稿

十三年八月民間訛傳選宮不待媒妁紛然婚配

十五年八月初十日寅時大雷雨澉乍二浦諸山及

秦山蛟龍盡起數十處並入海水漲平地行舟

十六年九月有虎至鄔家堰村民朱伯韶誤以為牛

擊之被齧死　十月虎至石屑圩攫民人丁蝨衆呼救

之退入叢篠中營兵圍之至夕虎遁去

康熙元年大旱七月二十九日二龍起海中赤龍在前青龍在後身如車輪鱗甲火發自龍君祠北登岸過柴家埭倒屋百餘間傷一人王庵山門及樓俱仆徃西北入太湖去

二年大旱七月八日大星從西南流至東北墜地聲如震雷

三年二月雨雹傷人損麥　八月初二日海溢

十月二十四日彗星見東北方光數丈至十一月光漸短月杪方滅

嘉定九年四月大霖雨至于六月

元至元二十年饑

天德九年八月蝗民饑相食

至顺元年闰七月大水二年饑

後至元二年饑

至正十七年三月一日晡時天昏黄若鐘霧兩日交

闕開合千百徧窗隙壁寳皆兩圓影相盪若重黄卵

占書曰日變色有軍急其君無德其臣亂國

二十年秋九月晦初曉西南天裂數千百丈光焰如

猛火照徹原野村犬皆吠宿鳥飛鳴裂處怏動中復

大明若金融于冶少時合是年十二月州東趙氏家屠豕脫治之竟其腸忽蜿蜒疾行追之不及遂出城過海而止

明洪武三年海溢

永樂三年大霖雨海溢塘決壞

宣德十年秋大風潮暴湧海岸盡崩

天順元年大旱河竭

成化八年七月十七日海溢平地水丈餘溺死人萬餘九年十年海連溢十二年正月震雷大雪十四年海復溢民居多沒

二十年秋有黑青變幻不測能傷人民鬨鳴金擊柝
以警之終夕不得寢半月始息
二十三年秋大旱禾盡槁
弘治十八年九月十三日半夜地震牆瓦皆鳴先有
黑氣從東來地出白毛有長一二尺如馬尾者
嘉靖元年二年海連溢
六年三月大魚乘潮至閭子沙高二丈長十七丈有
奇海民鬻食之聲如虎哮三日方盡
七年正月甲午夜海上忽見燈火千數若人持以行
者居民大驚以為寇至踰時滅成化十三年亦嘗見

之
八年六月蝗來田中水蝗不集　七月黑青坌傷人
數日息
十一年六月蝗來大風蝗盡入海死漁網多得之
十五年海溢堤潰漂沒田廬
十八年大饑　二十二年大饑　二十三年荐饑人
死徙轉鬻亡算
三十一年二月隱馬山有軍馬現遠望甚明即之不
見八月復現　秋九月日將晡西方赤氣亘天不散
者有餘日　明年海寇至民被殺戮無算

四年二月西關外曲尺巷船廠雞生四足　四月有虎至乍浦雅山下營兵鳴礮中之死不仆良久知其已死共舁之觧遊擊楊倫

五年三月初四日北門外吾人于土城中蒐一鳥人頭鳥身高脚長尾虎文縶之數日死　六月二十三日亥時有大星隨以小星千餘從西北流至東南墜地

七年六月十七日地震窗扉皆鳴二十日地生白毛大風海溢塘崩八月秦山鳴

八年夏大熱多暍死十月杪大雨雹横塘開蘋稻盡

漂沒壓雹擊死一人霞舟死五人其一人大風飄至
嘉善境隆桑田數日始得歸
九年正月二十八日西方大星若車輪墜地聲如辟
礰數刻方止五月二十一日戌時大風拔木龍起硤
石從馬家塘過東入海六月十一日大雨至十二日
平地水深數尺西關烏坵塘北關熱雞巷俱陸地行
舟永沒水底五日水退禾淹死大半歲歉收九月二
十九日酉時東南方天裂開亥時有虎騰起海中歷
海塘浮渡白洋河上唐家舍蘆葦中知縣張嘉仁遊
擊揚倫躬督兵捕傷二卒虎退入葦中夜出梵勝

虎盜入民家一羊十月朔復盜食一犬初二日戌時虎西去過硤石橫山不知所之

十年夏大旱澉浦大亂七月二十日蝗從西北來飛過城上至澉浦城外長山止二日不傷稼二十二日夜子時至卯遍蔽星月三時過盡不知所之

十一年七月蝗及境知縣張袁仁禱祠山川諸神蝗不入境七月二十五日海上獲一江鯢馬身尾兩翅無足閏七月初八日海上復網得大魚重一百六十斤傳觀城中三日邑人給事中張惟赤監貢生劉光復買而縱之海撥波去八月有蟲害稼秀而多萎枯

歲饑

【光緒】海鹽縣志

（清）王彬修　（清）徐用儀纂

清光緒三年（1877）蔚文書院刻本

祥異考

吳

赤烏五年黃龍見縣井中二

宋

元嘉十一年六月乙巳縣人王說獲白烏楊州刺史彭城

王義康以獻

秦始元年六月丁巳白烏見太守顧顗之獲以獻

唐

貞元六年大旱井泉竭人暍且疫者甚衆

中和四年旱大饑

天復三年十二月大雪有冰

宋

皇祐二年十一月丁酉地震有聲自北起如雷

紹聖元年秋海風駕潮害民田

紹興二年大饑米斗千錢時鏵鑱緊急民益艱食云

二十四年四月有海鰍乘潮至羣鰕從之聲若謳歌閣於沙高齊縣門長百丈海民臠其肉轉鬪壓死數十人宋五行志稱其抵岸偃沙上猶揚鬣撥刺云

二十八年九月大風水溢

隆興元年七月大風雨水傷稼
二年七月積陰雨水浸於城根
乾道元年大饑殍徙者不可勝計
三年八月雨至於九月禾稼腐
湻熙十四年饑民有流徙者
紹熙四年冬不雨至於五年之六月
五年七月乙亥大風駕潮至時方久旱鹹水暴溢稼則盡
槁民飢
慶元三年螟
嘉泰元年饑二年大旱薦饑

嘉定九年四月大霖雨至於六月

元

至元二十四年饑

大德九年八月蝗民饑有相食者

至順元年閏七月大水二年饑

後至元二年饑

至正十七年三月某日晡時天昏黃若霾霧有兩日交鬬
開且合者千百遍窗隙壁罅皆成兩圓影相盪若重黃
卵占書曰日變色有軍急其君無德其臣亂國

至正二十年秋九月晦初曉西南天裂數十百丈光焰如

猛火照徹原野一時村犬皆吠宿鳥飛鳴裂處蜿蜿動

中復大明若金融於冶少時合是年冬十二月州東趙

氏家屠豕脫治已竟其腸忽蜿蜒疾行追之不及遂出

城遇海而止寓公姚桐壽曰此蓋國家有心腹腎腸之

人歸向寬大容蓄之象也

明

洪武三年海溢

永樂三年大霖雨海溢塘決壞

宣德十年秋大風潮暴湧海岸盡崩

天順元年大旱河竭

成化八年七月十七日海大溢平地水丈餘溺死男女萬餘八九年十年海連溢十三年正月震雷大雪十四年海復溢民居多沒者張甯集有紀事詩云成化壬辰秋七月海潮騰風石塘決桑田夜變陸成川一望邊沙烟火絕青苗白屋隨奔流紅顏皓首屍橫邱一身雖存六親盡至今亂骨無人收今年夏月久不雨河流作滷難車水可憐枵腹不支勞近海膏腴半枯死虹霓目斷心空焦炎風吹雲天半高誰知颶母肆狂虐平地又撥錢塘潮溪騰谷沸雨川迸城壞隄摧風轉盛大家浥漏小家漂不顧田疇顧身命因思去歲初陽逢雷霹雹掣當嚴冬如何六月忘溽暑一雷不振翻爲風祟朝極夜吹不息相顧爲魚禍豈測東方欲白西未明潛起蓬窗看天色

二十年秋八月有黑眚徐咸雜記曰相傳其物變幻不測能傷人初有白羊一羣自城北門入即其物也民間皆鳴金擊柝以警之或手印石灰於壁以厭之終夕不得寢迄半月始息云

二十三年秋大旱禾盡槁

宏治十八年九月十三日半夜地震棟瓦皆鳴先是有黑氣從東來地出白毛有長一二尺如馬尾者朱朴詩有忽然牀席振戛爾搖柱棟燈底翻膏油壁下倒蕭發傳聞心膽寒目擊毛骨悚之句

嘉靖元年二年海連溢以上見圖經

三年二月十五日地震續澉水志

六年三月有大魚乘潮至閣於沙長十七丈有奇海民臠食之西園雜記云高二丈餘口廣半之膚綠無鱗項有長鬣甚勁海民競剸其肉聲如虎吼三日乃盡

七年正月甲午夜海上忽見燈火千數若人持以行者居民大驚爲海寇至踰時滅成化十三年嘗一見之徐咸雜記

曰是夕昏黃時人忽言海上有火余亟登城望之見海中果有火隱躍數十點如星漸移而東自教場口移上海塘如燈籠數百十兩兩成對往東北行直抵獨山而滅似有神主之者此理殆不可曉

八年六月蝝來時田中水蝗不集七月果售至人有爲所傷者數日息

十一年六月蝗來忽大風蝗盡入海死漁網多得之徐咸雜記曰先是八年之四月今上夢黃衣二人陛辭南行次日以語大學士楊一清一清對曰黃衣蝗也南方其有蝗乎其秋七月蝗果至大江以南在在皆有吾鹽亦然數日爲大風雨漂入海盡死至庚子六月蝗復自西北蔽天而來數日又爲大雨驅逐盡斃然遺種於茲至七月復生初食草後食禾稼民間祈神賽願張旗擊鼓逐之鬪若赴鬪懼其害者十四三次年方憂遺種爲患幸初生時大雨連旬盡殄滅民復安業矣吾鄉素無此物百歲老人亦未之見大抵蝗旱物終不利於水鄉也

十五年海溢堤潰漂沒田廬

十八年大饑徐咸雜記曰是秋田禾槁死并蟲食者大半民間收穫十無三四府縣既不奏荒征斂反急至明年春饑甚民間食糠秕豆餅至草根樹皮採剝殆盡餓殍盈道賣子女妻妾者無算北鄉尤甚長老相傳惟元大德九年暨邑極荒人相食到今二百餘年來未嘗遇此荐歲也予豐匡長公作賣婦謠云東家賣婦江南去西家賣婦江南去肝腸寸斷兩不知血流併作河流注夫嘱婦汝且逃生莫迴顧賣汝得錢了官府猶勝抱頭死朝餐婦告夫我今此去落何處百歲夫妻一朝擲此生何日重完聚哭聲震天天地悲道傍觀者各淚垂道傍垂淚且勸之人生不幸遭此時休言死別與生離他家食却親生五歲兒朱西村亦有一篇云東家少婦價萬錢西家大婦五六千癡兒壯腸鐵石堅不關恩愛無姻緣臨前數日斷火烟放手慟哭聲徹天明朝提落江南船只有去日無歸年風吹落花江水邊一蓬飄梗斷不復聯我今歌此賣婦篇官家朝晚開華筵一彈一唱公堂前

十九年四月甘露降凝結如霜樹爲之白案董穀澉水志載是年蝗蔽天稻如翦

二十二年大饑

二十三年荐饑人死徙轉溝者不勝計

三十一年二月隱馬山有軍馬現遠望甚明即之不見八月復現未幾海寇至案仇志載成化宏治間秦駐山屢有金盔甲者隱現盈山彌谷父老相傳爲秦駐山陰兵或云山上有昔人所藏刀杖庫殆其氣也是年秋九月日將晡時西方有赤氣亘天不散如是者百餘日明年海寇作民被殺戮者無算

三十二年五六月地連震生白毛長者四五寸李樹生黃

瓜大如甕蔕而長倍之九月桃李盛花

三十四年五月日將晡有黑日十數在日傍游盪以水盆映之尤明凡數日止崔嘉祥紀事曰時方海寇猖獗兒天垂異象人心愈益駭惑不知所措有謝山人贅者精於占玩語人曰第無恐此不爲民害主大臣災當有誅戮之應衆莫信之既無何有旨逮提督浙直軍務尙書張經提督浙江軍務都御史李天寵下詔獄以玩寇論死○案董穀澉水志載是年李樹結實狀類黃瓜中空無核

三十五年四月甘露降是秋大稔案董穀澉水志載是年春河中忽泛紅水色儼如血數日忽不見歧塘港横涇河大河堰泊檣山下數處皆然俄而賊至鄉有文紀其事

三十七年二月斷龍橋民家羊乳二羔又一物如人形仇俊

四十年四月七日雨雹大如拳麥盡損至破廬舍澉浦尤甚秋冬大雨水禾不能刈爛田中米薪踊貴

四十一年夏甘露降二麥大熟

四十二年四月十八日有海馬數萬其一大如樓沿石塘豨行二十餘里復入海響震非常

隆慶二年正月相傳朝廷欲括童女充後宮邑中競相嫁娶倉猝成言貧富長幼多不得其宜者此民訛也

三年閏六月十五日大風雨海溢崔嘉祥紀事曰是日颶風驟起瓦石飛揚且大雨如注天色慘黯向暮風愈烈傾垣倒屋聲四郊相屬終宵勿輟及旦覩之河水漫溢平岸遊魚圉圉舉手可取味其水則鹹矣亟往登城而望白浪見滔天莫辨河海龍王廟揚公祠並沿海民廬漂沒殆盡土塘淪於水

石塘橫倒其巨石有一二人不能舉者皆被掀至沙間或推入內地水力雄勁至此吾職不爲衆也未矣。

四年三月乍浦湯山陳山發赤光燭天至五年不絶晴夜允盛

萬歷元年四月甘露降

三年五月三十日夜大風海溢城中平地水三尺澉海德政海鹽甘泉三鄉水丈餘溺死者數千人壞廬舍無算田爲鹹潮所淹無秋民大饑

六年秋有蟲傷苗歲歉

十四年二月晦天雨土卽窗室中無不飄入几案間有積厚至一二寸者

十五年七月二十一日大風拔木發屋海潮壞石隄水大至

十六年米價騰踊大錢秋旱復無年浮胔蔽水崔嘉祥紀事曰先是十五年丁亥三吳田土盡沒於水米價至冬頓高戊子正月至四月又霪雨爲災江浙直闊淼茫一望歲大無麥遂至歉甚米價益踊有司不達事宜强爲過糴之令富室擁米不售饑民嗸嗸待哺無從告糴朝廷詔解其禁民頗便之米稍稍出有司復報大戶勸其出粟減價官糴米愈不出民益病焉往年有部令民得輸粟贖過存積備荒有司利罰金之便僅應故事及詔發粟倉廒空虛靡可發者即少有所發又不得其術執爲豪有力者得之饑民曾不沾升斗之惠已而四方商運踵至又爲牙儈射利者恐嚇而去所在饑民專仰給富室而富室坐索高價益擁米不出價益湧貴米石價銀一兩六錢麥石價銀八九錢鬻產產不賤不售鬻妻女妻女以口食貴不售民間多茹糠粃草木以充腹饑而死者相藉也以千百計河渠磯不可糴秋則大旱人情皇皇

爍禾穀稼非有力者則猶然轉矣聞諸父老蘇瑞乙巳歛米價如之然當時止浙中數郡之厄江淮間豐稔處尚多有司許其運融米商輻輳騈集所苦不過二三月非若今歷夏秋半歲未有救援之濟也民之困瘵亂囂靖間則又甚矣○呂元聲戊子紀事詩云少小見人說飢餓王子兵荒辛酉水此時飽食不關懷老大方知窮戊子兩年田白無草生到處盡黃哭人死米不滿斛值百千人錯鑽錢等價錢餓夫伸手頭搶地寒士束腹呼高天家糴纔餘三百石一日忽作兩日吃升錢減半周貧閭五日爭門竇底出忽傳湖廣尖新來家戶看看改頹色通商亦是救荒策昔人有言毋遏糴

十七年大疫民死者十三四

二十三年八月訛言有眚

二十六年靈祐寺殿梁芝生是年有禾一莖兩穗者野人以獻於縣

二十九年四月訛言倭至民入西關避爭門多踐死者

三十六年正月十九日初昏有聲如車馬喧或如礮有光如火隱現自西南起亙東北人皆奔避爲有寇夜分止

三十七年十月有大魚至閣於東門海灘甚長十丈餘

四十四年七月十三日西郊起蜃水從小柵橋出高丈餘舟多覆近蜃穴民居浸於水者三時始退其穴土甚燥而鰻蠅集於中逐不去

四十六年慶壽殿柱有芝生

泰昌元年穀暴貴掠者四起

天啟元年訛言選宮人鄉民多有童女相配合者

三年十二月二十二日地震

四年正月二十九日初昏空中有聲如礮光燭天自西至

須臾息以上見圖經

天啟元年辛酉夏熒惑直據南斗中位光燄噴射

四年自春及秋大雨水浸城郭

五年旱損稼高阜無收八月朔白晝星見月傍

崇禎元年戊辰七月二十三日海溢鹹潮入城塘盡圮四

門弔橋大水衝塌浮屍牛馬畜物蔽海至上虞縣榜額

漂至海上

五年夏秋大旱

九年秋蝗至不傷禾一夕飛去大有年
十年四月有大魚至藍田浦閘海灘上長十餘丈民臠食之
十三年夏大水米價踴貴亂民羣掠富室有虎至藍田廟
十四年二月至六月不雨河涸不盡槁五月蝗至不傷禾六月十二日大雨二日河盡滿民復耕種蝗又至蔽天不斷者五日七月蝗子生食苗盡月杪苗復茁蝗子復生食禾民大饑
十五年大饑斗米四錢人食草木路殍相望三月十二日天雨沙日生兩耳八月晦有大星如斗小星數十隨之

自西北至東南墮地有聲光芒數十丈幽暗皆明

國朝

順治三年六月二十六日將暝有星自北流西南墜地白光亘天如匹帛數刻方滅

五年三月雨雹小者如雞卵損麥

八年春夏大雨水六七月間斗米四錢五分四月十日雷震天甯寺塔七層欄楯俱傷有爪距蹟是年秋有大鳥高三四尺許其色青集於澉浦龜山之麓衆鳥萬計翔翔嘈雜於左右凡七日摩空而去鳥糞所污田土如堊林木槁落下有死鳥不計其數

九年夏大旱六月初九日飛雪大寒七月彗星見東南至八月杪方没十二月二十五日黑虹夜見人民驚喧半夜方没

十年閏六月二十四日夜三更紅日出東北方大如斛夜半月始昇滅不見

十一年六月十七日夜月生兩耳十二月大雪海凍不波官河水斷

十二年夏秋大旱苗禾枯槁

十五年八月初十日寅時大雷雨澉乍二浦諸山及秦山蛟龍盡起並入海水漲平地行舟

十六年九月有虎至鄔家堰十月虎至石屑圩

康熙元年大旱七月二十九日二龍起海中赤龍在前青龍在後身如車輪鱗甲火發自龍君祠北登岸過柴家埭倒屋百餘間傷一人

二年大旱七月八日大星從西南流至東北墜地聲如震雷

三年二月雨雹傷人損麥八月初二日海溢十月二十四日彗星見東北方光數丈至十一月光漸短月終方滅

四年二月西關外曲尺巷船廠雞生四足

五年三月初四日北門外居人於土城中獲一鳥人頭鳥

身高脚長尾虎文㯶之數日死六月二十三日亥時有大星隨以小星千餘從西北流至東南墜地

七年六月十七日地震窗扉皆鳴二十日地生白毛大風海谥塘崩八月秦山鳴

八年夏大熱多暍死十月杪大雨雹横塘閘稜稻盡漂他塍雹擊死一人覆舟死五人其一人大風飄至嘉善境墜桑田數日始得歸

九年正月二十八日西方大星若車輪墜地聲如霹靂數刻方止五月二十一日戌時大風拔木龍起破石從馬家堰過東入海六月十一日大雨至十二日平地水深

數尺西關烏坵塘北關煮雞巷俱陸地行舟禾沒水底五日淹死大半歲歉收九月二十九日酉時天眼開亥時有虎騰起海中渡白洋河至唐家舍十月初二日戌時虎西去過橫山不知所之

十年夏大旱澉浦大饑七月二十日蝗從西北來飛過城上至澉城外長山止三日不傷稼二十二日子時至卯遮蔽星月三時過盡

十一年七月蝗及境知縣張素仁禱祠山川諸神蝗不入境八月有蟲害稼秀者多萎枯歲饑

十四年南郊麥生一莖兩穗農民赴縣呈瑞

十五年十二月朔午刻颶風有大魚從外洋北來長十餘丈形如車輪頭如馬首陷九里墩沙中闔邑驚駭往觀挾匕劍肉困頓數日乘大風颺去

十七年六月地震屋瓦傾仄

十九年十一月初二日酉時彗星見西北色蒼白漸長至十二月望後星光始隱

康熙二十三年春海鹽鄉農鋸一樹中心成王大宜三字筆畫清晰如寫見者甚衆邑中適有武弁姓名相合遂購燬之

三十二年自春至秋大旱田禾盡槁題免丁銀

四十六年夏六月大旱

四十七年夏五月大雨三日水漲溢田禾淹没

雍正二年七月十八日大風雨海水溢塘圮

九年十年蟲災大無禾以上見續圖經

乾隆元年大旱河竭有虎自海上來至蓮社巷斃之冬十二月初二日地震是歲禾將實蟲傷禾稼毘連數郡

二十七年七月十三日潮溢塘圮水入城三四尺漂溺民居

二十八年元旦日月合璧

三十二年有贔屭乘潮至漁戶獲以獻縣以上見伊府志

四十四年有山狗至海上諸山遇小兒輒嚙其喉負之去

至四十六年生育甚夥夏颶風大作始絕

五十年闔郡大旱南鄉河皆涸無收次年春飢民羣掠富

室米價騰貴斗米錢五百文以上見澉水新志

五十八年七月七日潮溢壞民居

五十九年正月甘露降

嘉慶元年正月九日大風雪冰凝不解秋大有年

二年夏闔郡麥大熟角里山產瑞麥一莖二穗

三年通元復產瑞麥夏旱秋一夕大雨如注禾大熟十月

二十八日夜衆星交流如織以上見伊府志

十七年秋彗星見西北

十八年七月苗生螣大歉

十九年夏大旱災秋八月米價騰貴飢民大掠食樹皮草根

二十四年秋大旱河底龜拆苗吐花盡槁死人民大困以上見澂水新志

道光元年四月朔日月合璧五星聯珠于府志

二年秋大旱南鄉無收

三年夏大水災米價騰貴

十三年秋霪雨損稼大歉次年春米價騰貴斗米錢六百

人食榆皮蕨根

二十一年冬大雪平地深丈許路斷行人者累日歷月餘始消盡

二十二年二月白光見西方長竟半天月餘滅

二十六年六月十三日丑時地大震

二十九年夏大雨連旬平地水深數尺田禾盡淹四鄉有因災搶掠者縣令段光清嚴懲之乃已六月水始退分苗補種歲薄有秋斗米錢七百是年發帑勸捐給賑並免糧有差以上見徵水新志

三十年八月淫雨馬鞍山青山長嶺山南北湖諸山皆崩

咸豐四年冬有一日河水無風自湧如潮漲落池沼皆然移時始定

六年夏大旱河盡涸田無禾

七年夏南鄉飛蝗蔽天居民捕逐食松竹葉殆盡一夕飛入海遂絶

八年秋海塘一帶產物如珠附草根而生掘土二三寸徧地皆是大者如菉豆初取質軟見風即堅實色白有光儼然珠也研之成粉可食莫識爲何物案府志載宋嘉祐中鹽官縣曾產此

十一年五月十三日南鄉起義兵攻賊於瑱城是日午後

六里堰有龍尾下垂陡起大風龍氣噓吸萬瓦隨之上下半時許始息居民有死傷者未幾而義兵敗八月朔日日月合璧五星聯珠十二月二十三日戌時南鄉偏地啾啾有聲如無數小雞者忽東忽西尋覓無蹤縱知此聲自舊倉新倉起沿海至黃浦而止逾月而粵匪數十萬自海甯海鹽以至上海所過之處皆遭荼毒

同治元年至二年海甯塘圮海水溢入內河傷稼斗米貴至千錢

十一年八月十九日辰刻地小震

十二年夏旱

光緒二年六月至八月金星晝見六月十三日夜颶風壞民廬七月有邪術用紙人翦辮自江蘇流浙徧及城鄉居民徹夜鳴鑼戒備鹽亦相警半月而息以上新纂

【民國】海寧州志稿

(清)李圭修　(清)許傳霈纂　劉蔚仁續修　朱錫恩續纂

民國十一年(1922)續修鉛印本

祥異

三國吳

大帝赤烏十二年六月戊戌寶鼎出臨平湖（吳錄）按今臨平湖劃隸仁和不從開彙志沿革也六月許志作多十二月

太元元年八月大風江海涌溢平地深八尺三國志吳書

歸命侯天璽元年臨平湖開（吳書）吳郡言臨平湖自漢末草穢壅塞今更開通長老相傳此湖塞天下亂此湖開天下平又於湖邊得石函中有小石青白色長四寸廣二寸餘刻作上皇帝字於是改元大赦○水經注異苑曰晉武時吳郡臨平岸崩出一石鼓扣之無聲張華曰可取蜀中桐材刻作魚形扣之則鳴矣于是如其聲聞數十里劉道民詩曰事有遠而合蜀桐鳴吳石金志按天璽元年卽晉武帝咸寧二年距赤烏甚遠舊志併入寶鼎條下大誤又按通鑑湖開在八月至岸崩疑在晉武平吳後以事異得附見焉

晉

安帝元興二年十月錢塘臨平湖水赤桓玄諷吳郡使言開除以爲己瑞俄而玄敗晉書五行志

金志按錢塘鹽官已析縣湖或兩屬或割隸皆不可考舊志槪錄錢塘字不如存異以見疑

宋

文帝元嘉十二年錢塘鹽官各縣民饑命揚州從事史沈演之拯恤乃開倉賑饑刑獄有疑枉悉判遣之許志

二十三年吳郡嘉興鹽官縣野稻自生三十許種揚州刺史始興濬以聞宋書符瑞志

二十四年四月白雀產吳郡鹽官民家太守劉楨以聞宋書符瑞志

齊

武帝永明元年八月鹽官內樂村木連理南齊書祥瑞志

七年六月鹽官縣獲白雀一頭南齊書祥瑞志

九年鹽官縣石浦有海魚乘潮來水退不得去長三十餘丈黑色無鱗未死有聲如牛土人呼爲海燕取其肉食之南齊書五行志　按神州古史考硤石疑祗名石墻

梁

高祖天監七年邑人宏靈度井中放光三日不止獲銅僧伽像因捨宅爲慶善寺許志

陳

後主禎明二年臨平湖草蕪塞忽然自通南史帝紀 金志按南志下書後主自賣于寺以厭之今觀紀中歷叙災異而帝自賣佛寺欲以禳之非爲湖通故也

唐

代宗大歷十年七月杭州海溢唐書五行志

貞元六年大旱許志

文宗太和四年夏大水許志

六年五月浙西觀察使丁公著奏杭州八縣災疫賜米二萬石賑之唐書本紀 按許志作元年誤

宋

神宗熙寧八年三月鹽官地產物如珠可食水產菜如菌可爲葅饑民賴之宋史五行志

徽宗宣和四年鹽官海溢方勺泊宅編宣和壬寅鹽官海溢縣南至海四十里而水之所齧去邑聚纔數里邑人甚恐十一月降鐵符以鎮之戰志按許志作政和壬寅壬寅乃宣和四年許志誤

高宗紹興二年雷震于鹽官縣萬歷府志

孝宗乾道三年八月雨至于九月禾稼腐天啓海鹽縣圖經

淳熙十四年臨安府九縣饑發廩二十萬以賑文獻通考戰志按史五行志臨安府旱又本紀兩浙旱賑之

光宗紹熙元年春大疫詔免民丁身錢次年詔免逋租許志

二年鹽官饑斗米千錢許志

四年冬不雨至于五年六月天啓海鹽縣圖經

寧宗慶元三年秋鹽官螟宋史五行志

四年大饑奉詔蠲租許志

嘉泰元年饑天啓海鹽縣圖經

二年大旱薦饑天啓海鹽縣圖經

嘉定三年鹽官大雨水溺死者衆圮田廬市郭首種皆腐宋史五行志

敬按本紀三月以久雨決兩浙繫囚六月命有司行寬恤之政十有九條臨安府大水賑之仍蠲其租

九年四月大霖雨至于六月天啓海鹽縣圖經

十二年鹽官縣海失故道潮汐衝平野三十餘里至是侵縣治蘆洲港瀆及上下管黃灣岡等鹽場皆圮蜀山淪入海中聚落田疇失其半壞四郡田後六年始平宋史五行志

十七年海壞畿縣鹽官地數十里先是有巨魚橫海岸民臠食之海患共六

年而平宋史五行志

理宗端平四年大饑外志

淳祐四年鹽官大饑府志

元

世祖至元二十四年饑海鹽縣圖經

成宗元貞二年十二月海寧縣水元史五行志

大德三年海決許志

六年饑外志

仁宗延祐元年九月鹽官州海溢陷地三十餘里府志

泰定帝泰定元年八月杭州屬州縣饑時屬州惟鹽官（本紀）兩浙水旱壞田　十二月癸亥

杭州鹽官州海水大溢壞隄塹侵城郭元史五行志

二年海決衛隄遣僧宏濟詛之許志

三年八月鹽官州大風海溢捍海隄崩廣三十餘里袤二十里徙居民千二百五十家以避之（元史五行志）

四年正月鹽官州潮水大溢捍海隄崩二千餘步四月復崩十九里（元史五行志）

五月命天師張嗣成修醮禳之（硤志 按許志是年風潮大作壞州城郭四月八日潮患愈烈令天師致祭與史小異）

十月江浙行省左丞脫歡答剌平章政事高昉以海溢病民請解職不允（元史本紀）

六月乙未發義粟賑鹽官饑民（元史本紀）

致和元年三月鹽官州海隄崩遣使禱祀造浮圖二百十六用西僧法壓之

四月鹽官州海溢（元史五行志）

文宗天歷元年鹽官州海潮免其秋糧夏稅（元史食貨志）

順帝至正十七年三月日晡有兩日交鬬且合者千百徧窗隙壁竇皆成兩圓影相盪（硤川志）

二十年秋九月晦初曉西南天裂數十丈光焰如火宿鳥飛鳴村犬羣吠少

時復合 硤川志

明

太祖洪武九年大水發粟賑之 許志

二十三年海決衛沒石墩巡檢司 許志

成祖永樂三年海溢免本年租稅 許志 翟志按明史八月杭州屬縣多水淹人

六年海決陷沒赭山巡檢司 許志

九年七月海嘯潮溢漂溺甚衆 明史五行志 流民六千七百餘戶淪田幾二千頃 外志

十八年夏秋仁和海寧潮溢漂廬舍壞倉糧溺死三百六十餘人 明史五行志 海寧諸縣民言潮沒海塘二千六百餘丈延及吳家岸瀾通政岳福亦言仁和海寧壞長降等壩淪海千五百餘丈 許志據長安等壩陷四千五百餘丈小異 東岸赭山巖

門山蜀山舊有海岸淤絕久故西岸潮愈猛逃徙九千一百餘戶欠夏稅絲綿四萬餘觔糧三萬餘石至洪熙元年乞恩優免流民復業許志

宣宗宣德二年以海患詔免田租外志

十二年八月海水溢外志

英宗正統十二年八月海水溢外志

戩志按許志同府志作正統二年八月誤

景帝景泰二年夏大饑斗米百錢外志

按百字疑誤當作千

五年正月大雪連旬鳥雀俱死外志

戩志按明史四年十一月至明年孟春浙江大雪數尺人畜凍死略同

英宗天順元年旱詔免被災處糧米許志

戩志按明史又杭州旱四月免稅糧七月杭州蝗府志九月杭州旱紀時小殊

憲宗成化七年閏九月己未杭嘉湖紹四府海溢漂盬場淹田宅人畜無算遣工部侍郎李顒往祭海神築隄岸明史

八年七月海溢許志

十年海寧縣海決戰志

十三年二月海決逼城外志

二十三年秋大旱外志

孝宗宏治五年海寧海溢海塘通志

十六年旱被賑許志 戰志按明史是年浙江飢賑被災軍民略同

十八年九月壬辰夜地震外志

武宗正德十二年四月甲子夜地震外志 戰志按府志八月杭州地震

世宗嘉靖元年春夏大水田成巨河外志謹志按明史七月浙江旱詔沸求荒政府志春杭州旱三月大水互異

八年七月蝗許志張袞云予素不識蝗是歲南畿淮南北皆蝗舟爲所阻亦至家而吳浙皆蝗矣江南有蝗實昉於此

九年海溢及于隄外志

十年大水許志

十八年大饑許志謹志按府志杭州大雨水同

二十二年二十三年薦饑許志謹志按府志二十三年大饑無麥禾明史九月免浙江被災稅糧並合蠲穀價里雜存四月發藏見窮斗間麥聚無收吳蠶盡死六七月初再入斗中於時大旱米貴民不堪命苗皆槁死顆粒全無

二十五年千戶湯執中池側產連理竹二一時謂孝感許志

三十一年秋九月日將晡時西方有赤氣亙天不散如是者百餘日海鹽縣圖經

冬有虎四衙稻薪巢石墩民場許志○居民避越數月一虎失足磧石中死餘虎不復見蓋兵兆也明年倭寇至

三十四年五月日將晡時有黑日十數在日旁游盪以水盆映之尤明凡數日止海鹽縣圖經

四十年四月七日雨雹大如拳海鹽縣圖經

四十一年三月十二日有黃白二龍合股由太湖而來後一青龍隨之自陡門至硤石東南入海傷屋千數隨雨雹浙江通志

四十二年四月十八日有海鳥數萬沿石塘羣行二十餘里復入海嚮震非常海鹽縣圖經

神宗萬曆元年六日杭寧四府海涌數丈沒廬舍人畜不計其數明史

三年五日晦潮溢壞塘二千餘丈溺百餘人傷稼百萬餘畝外志

觀志按明史六月戊辰浙江海溢府志六月初一日夜怪風潑濤衝決江岸時日之異蓋各據其最甚耳

十四年五月大水是年稔外志

十五年七月潮溢外志 戰志按明史是歲杭州江湖泛溢平地水深丈餘七月中颶風大作環海數百里一望成湖

十六年旱大饑疫科臣楊文舉奉詔賑饑許志 戰志按明史三月浙江大饑疫

十七年大饑疫浮胔蔽水許志 戰志按明史六月甲申浙江大風海沸杭屬縣廨宇多圮碎害民船漂溺人邑志不載海患意五年石塘成後猶免衝決耶

八月地震外志

二十二年五月海潰及于隄是月縣有瑞麥許志

二十四年八月大水許志 戰志按明史書杭州旱又書秋杭州大水雷雨壞苗稼文獻通考杭州五月不雨至七月八月雨如注狂風交作山洪暴發郊原會成巨浸較史為詳

三十二年十一月十三夜地震 許志

三十六年正月十九日初昏有聲如車馬喧或如礮有光如火隙現自西南起亙東北少時止 海鹽縣圖經 五月大水不害稼有旨改漕仍發粟賑饑從邑人董時等奏也 外志

三十九年七月米涌貴坊市閉糴幾致亂 許志 職志按外志庚申七月東米值一兩二錢坊市閉糴縣少讓郡守署縣通判胡承烈往陳參政門求糴承烈幾自刎陳許糴三日乃定是後米價並不甚減似卽許志所書但庚申乃四十八年也

熹宗天啟元年鄉間桃樹一花結實爲桃李 外志

二年二月癸酉海寧地震 明史

三年十二月二十二日地大震 許志 東鄉民家生羝三尾八足怪而斃之 外志

四年正月十一日震雷甚雨水俱黑是年潮水齧隄 許志 二十九日初昏空中有聲如礮光燭天自西至須臾息 海鹽縣圖經

莊烈帝崇禎元年七月二十三日潮決深入平野二十里漂溺人畜廬舍無算撫臣上其事秋糧折半許志 職志按明史七月壬午浙江風雨海嘯壞民居數萬間溺數萬人海寧尤甚

明吳本泰濟上聞潮變紀懷詩 孤踪蹔泛梗閱家豈沈川急難應無地蒼茫戢有天鶴鳴知失垤蟻渡想梁舷恨不同生死風波夢裏傳

八年十一月二十六日地震外志

十一年六月辛亥暮大風潮決城西至赭山溺人畜傷稼許志

十二年正月二十二日夜神燈見郭店鎮可二十刻棗林雜俎

十三年秋米涌貴一石值四金許志 職志按外志石值二兩明史五月浙江旱饑

十四年六月大旱蝗民饑疫鬻子女售田舍途有餓殍而賦稅加苛始苦田累外志

十五年春夏米涌貴石値三金人不聊生許志 戰志按府志是年旱蝗 十二月城東三里橋有物偃於沙長二十餘丈高三尺土人呼爲海象爭剒之不盡流腐及秧田廟有取其骨歸亙若梁棟許志

清

順治二年五月翰林陳之遴門石獅夜吼因移其一安國寺外志

三年桑生蝸牛食葉及豆苗幾盡許志

四年四月大無米涌貴値三兩有奇許志

五年冬至前三日鳳凰自海鹽向西北而去萬鳥隨之約二十餘里棗林雜俎

六年二月二十日黑雨如墨 七月蝗 十二月桃花成實許志

十年六月大旱 十二月大凍旬餘木冰許志

十二年四月朔潮溢沙崩逼城下戰志

十三年六月螟 九月二十九日春熙門外獲虎許志

十五年正月二十四日夜流火燭天　十月朔海水溢於河許志

十七年六月螟許志　戰志按府志是年饑

十八年六月大旱督撫請蠲以報遲凡徵在前者准流免次年許志

戰志按草木枯死斗米四百錢

康熙元年三月二十一日大雨雹許志

三年六月二十六日飛雪按朱嘉徵有炎雪篇記　閏六月三日海決入城壕　八月

三日海潮大溢許志　十月二十四日彗星見東北方光數丈至十一月光

漸短月終方滅海鹽縣志

六年六月二十七日城西馬牧港飛雪許志

七年六月十七日酉刻地大震次日地生白毛府志志同許　七月初六日潮溢

許志

八年龍風爲災 許志十九二十日連見龍起蜿蜒下洛塘南田中雲如火大風拔木飛瓦損民居二十七日又見于東南鱗尾皆現徐投海去色人言雙橋沈氏婦指云惡龍從而擲于隔溪

九年正月二十八日雪夜流星燭地聲如雷 許志按海鹽縣志西方大星若車輪墜地聲如霹懸數刻方止

四月大雨河水溢禾稼淹死 許志

五月二十一日龍起硤石沿東入海 海鹽縣志

六月十三日大雨河水復溢 許志金志按嵇太守宗孟踏荒行有海縣獄江魚下土七晝七週雷雨驚及元老般叟稱帝譴謫丹鄂踊出外之句揭給事羲建和詩有武林九邑牟潦後立沛綸音偏閭里之句皆足補紀載之闕

十二月二十四日立春大雪盈尺至明年正月六日始消蘊占爲旱兆 許志

十年夏大旱赤地 許志

嵇宗孟海寧踏荒詩 石門貢叢路煙火古長安河圻踏滸合陽縣巷蓉乾民依類斥鹵歲儉借貸錢朱雨要方切窮城不忍看

十一年八月霖雨傷稼生螟 許志

十三年正月霖雨至四月 許志

十四年六月旱沿海沙塗坍悉盡七月漸漲戰志按府志自四月至六月五異許志

十五年四月霖雨至五月害菽麥戰志錄許三禮新雨詳并邑人紀事詩許志

十九年三月十八日 萬壽節甘露降於安國寺暨縣治前柏樹三日邑侯許三禮屬邑人陳元龍賦詩紀瑞陳愛日堂詩集補錄

陳元龍紀瑞詩瞻眺佳氣日邊來榮露初凝拜舞回縮幹作疑珠綴葉丸枝手許玉為普偏隔何幸霑仁澤授簡空慚作賦才顧把神漿浮玳斝雙凫遥進萬年杯 聖朝有澤潤蒼英天乳流粘叶玉衡聽氣溢鮮芥色潤晚霞煥彩𧶘花瑩官衙紀瑞歸神宰梵剎呈祥溯太平感召由來關至恐柏染何用擬金鑿 濟呼萬國共茲辰偏幸臨脂降海濱天以爲時不愛遊地迷仙令有殊珍漫詠虎渡事猶異總說甘棲求是神紀取麻澂留古柏甘棠千載頌聲新

十九年十一月初彗星見西北方色蒼白漸長至十二月望後星光始隱海鹽縣志

二十二年正月至四月久雨大無麥　四月鳳凰山海濱有魚𩼂長二十餘丈無鱗有白毫人呼海象不堪食割肉熬油黃承璉紘志

三十八年夏旱秋水大饑蠲賦戰志

四十六年大旱饑戰志是年旱連數郡長水河乾坼朱竹垞曝書亭集有丁亥苦旱詩

四十七年四十八年四十九年薦饑戰志故老言戊子水己丑蟲庚寅秋水連歲蠲賦然無卷牘可稽

五十四年四月大霖雨颶潮陡發海塘坍陷戰志

六十年夏大旱苗槁河乾坼數百里至八月始雨漕米改徵折色戰志

查行慎詩稻根擊縮稻葉焦留田殺莠方嫉嫉農夫告荒公申訴踏勘翻遭官長怒催科之吏仍下鄉田今如此何云荒責須野無青草木葉落始信天殃魃爲虐

六十一年旱災戰志

雍正元年大旱河坼粒米不收戰志

二年夏旱七月十七日大風雨海決戰志淹沒農田東南西路近海處尤甚漂去室廬無算若大風則開門破壁

任水出入幸留一綫瓦郭店致花谿橋梁無一存者

查慎行紀事詩 門前成巨浸屬納弃溢直怕迷牆倒寧容一榻安卑棲蟲竄拖仰儀燕巢乾海瞰天空際誰知寸步難 金志敬業堂綜集有海魚歎并序云城西有巨魚隨潮約千餘斤潮退閣沙附近居民割而食之不半月而亦海潮之禍又云吾里自甲辰海溢水土多成鹹味村家不種稻而種棉花至丁未年黃梅始雨土性復故乃得插秧

十月詔賑被災饑民發帑七千兩有奇 戰志

八年八月大雨雹 戰志

十年螟饑 戰志

十一年三月雨雹冬饑賑給被雹貧民籽本緩徵田賦 戰志

乾隆元年大旱河竭是歲禾將實蟲傷禾稼民連數郡 海鹽縣志

九年二月雨雹 戰志

十二年七月大小山墟潮溢八月按畝給籽加振口糧一月 十一月初一日中小亹一夕開通 戰志 海塘通志中小亹沖開引河大溜經由故道南北兩岸皆成坦途

十六年旱賑米石三金巡撫永貴題報海寧等五十七州縣災奉詔按月加振應徵銀米照例蠲緩戰志次年正月知縣劉守成請設賑七十二粥廠復自捐三百金議敘紀錄

二十年秋大風傷賑稼勘不成災特恩緩徵田賦戰志

二十一年春涌米貴石值五金戰志士民分里捐賑及秋米價漸平題達議敘監生馬彪吏目銜鄉飲賓金之聘杭世職陳文珩准作貢生餘給匾獎勵

二十二年二月晦雷不為災東北鄉稍甚戰志

二十三年夏秋霪雨傷蠶及棉花冬無冰雪戰志

二十七年秋七月大雨連綿田禾被浸西鄉尤甚巡撫莊有恭題報詔令給賑加賑蠲糧緩徵給予籽糧有差戰志

二十八年元旦日月合璧以下李志不注

嘉慶元年正月九日大風雪冰凝不解秋大有年

三年十月二十夜衆星交流如織

十七年秋彗星見西北
十八年七月苗生螣大歉
十九年夏大旱災秋八月米價騰貴饑民大掠食樹皮草根詔免田賦
二十四年秋大旱河底龜坼苗吐花盡槁死人民大困
道光十三年秋霪雨損稼大歉次年春米價騰貴斗米錢六百人食榆皮蕨根新纂
二十一年九月霪雨河水頓溢十月十五六日大雨日夜不止稻被水淹穀多蒸溼十一月初二起至初五日大雪積至六尺壓民廬傷人詔緩田賦發粟加賑謹備志稿舉堂紀聞新纂
二十二年七月旱不爲災
二十九年大水饑斗米錢及千錢詔緩田賦
按是年五月霪雨爲災河水盈勢成澤國至六月始漸退徐瀛紀聞時云對門淤地家家水逕壁中廣步步搖以水爲家登岸鴨乘船入市趁墟人

凡安瀾具樓安灶珠比曬胡杜比翁見葛撰究筆紀

三十年七月大水禾稻盡淹詔緩田賦按海鹽縣志八月霪雨諸山皆崩

咸豐二年二月地震

三年六月地震

四年七月十二夜地震冬河水無風自涌如潮漲落池沼皆然數日乃止

六年夏五月不雨至于九月大旱成災詔緩田賦按葛撰叢筆紀是年淨塘河全涸者匝月怀永珍爲至賞其紀事詩有云河底雖爲死蚌爭岸側惟聞枯魚泣

八年秋海塘一帶產物如珠初輭見風而堅色白有光可食莫識爲何物

九年八月十八日潮溢漂溺三十餘人

十年秋至夜城號李按城內居民聞城外有鼓譟聲城外聞聲自城中出驚惟徵夜次年二月十八日粵匪入境十二月城陷蓋兵兆也

十一年二月大雨雹　八月朔五星聯珠日月合璧　十二月二十三日戌

時地啾啾有聲如無數小雞者忽東忽西尋覓無蹤

同治元年元旦大雨雹是年至次年塘圮海水溢于河斗米千錢

四年禾穗兩歧

六年八月地大震壞民居

光緒二年六月至八月金星晝見　六月十三夜颶風壞民居七月民間相驚有物於宵夜壓人胸脘即不能聲甚有至斃者比戶徹夜戒備半月而息其謠自江蘇流傳至浙（新纂海鹽縣志）

九年颶風拔木壞民居

十二年八月海嘯漂溺數十人

十三年八月潮溢漂溺十數人

十四年八月十八日潮溢

十五年七月二十六二十七日大雨晝夜不止二十八日尤甚山洪暴發立

時水溢及民居八月又霪雨四十日大水成災詔免田賦給賑新纂

按邑境半成澤國陝石沈山碧霞寺山門一夕忽陷數丈蓋崩也禾稻久淹水中顆粒無收惟黃灣南鄉地形較高間有半收者然亦僅矣米價石值六金發粟賑饑猶不給時邑人陳方坦禀江南督藩請移賑焉

十六年八月十八日潮溢

十七年五月甘露降日光照林樹間的礫若聯珠葉上黏膩如飴舐之味甘新纂

十八年七月晦戌時有啾啾聲忽上忽下人民驚悸鳴鉦燃放爆竹以辟之移時始息李按五省同時皆聞　十一月大雪奇寒河冰可履舟楫不通者累日有凍斃者新纂

按葛楙紀事詩云長河凍絕流過渡往來南北空舟艇郊外牛羊死滿野林中鳥雀飢無糧冰條滿掛茅簷下凍破千家萬家瓦甕殘粟必生霉溫何論百結鶉衣者飢腸卒歲人無襦褐臘難禁颶切膚寒作祟搖搖道旁應不堪寫入監門圖

二十二年二月十九日有海魚乘潮來長十餘丈水退不去舟人臠之

四

月十六日申刻大雨雹如拳李按德清北圩鄉奇災全村飛瓦傷德清北圩鄉紀數吳路云北圩鄉錄續德清縣距縣治西北四十里距海寧界東南十餘里北地四面皆水南曰龍尖嘴北曰龍盤隴西曰河墩隴東曰百畝隴處三里屋二里鄉後屋搗僅存東北隅有楊灘霄居者一范姓鄉一鄉農據云村有蔡曾楊范沈五姓聚族於茲村址計里許屋宇十四姓約千餘間男女丁口六百餘四月十六日酉刻天忽黑見有赤白光二道挾風聲自西南來挾雨雹至雷火自上而下冰雹自下而上僅二刻許屋宇蕩然或為風雨所拔折或為雷火所焚壓死者五十餘人屍骸無算形傷者百餘人傷臥死礙中傷痛悲鳴無所逃避他處西南有飛搖二姓十四家僅三家幸全死三人傷七八人獨西北為遠有蔡姓陳姓屋二所完好無損所見板木瓦片堆如山積有數地之樹根拔起者有半屋瓦飛去者有枝極全折者重數十斤吹動所揚棺木皆漂流於河存者亦查檢而飄散村有划舟百二三十隻悉數毀敗惟散板漂流而已又按境外例不簽入茲錄異聞亦以見天道之可畏人知所警惕云

二十三年長安旌忠寺北每日旁晚有白氣迷茫如霧氤氲如蒸距地一二尺許後浙路築站于此始滅人謂白霧籠地深谷為陵新纂

二十四年十一月杭州火藥局灾聲聞長安訛為地震男女皆驚哭新纂

宣統元年九月大水未成災新纂

按時有童謠云宣統元年水沒廊簷

三年三月大風杭站汽車被吹至硤石斃一人　五月大風摧屋　六月彗星見于西北　七月桃李華新譜

【正德】桐鄉縣志

（明）任洛纂修

清初影抄明正德九年（1514）修嘉靖間增修刻本

遂唐詩絶句　　年鍰梓

灾祥

灾祥之說閱乎時政作史者必書之所以示警畏也後世紀傳愈詳象緯物理之異其在一郡一邑者書之不遺桐自有縣以来所值灾祥之闕略無紀而其所可知者是宣錄之以示為政君子知所當謹云

景泰五年春正月大雪正月初旬雨雪越二旬不止間有黑花凝積深尺餘鳥雀饑死幾盡至夏淫潦傷禾明年夏復饑民死者甚衆

天順元年夏四月麥秀兩岐是時縣令樂滋政

桐鄉縣志卷四

邑民以瑞麥來獻士大夫作詩歌以頌美之

天順四年夏五月大水雨澇傷禾斗米百錢小民告飢

成化元年夏五月大水低鄉田禾不收次年米斛一緡

成化十二年冬十二月恒寒水澤腹堅船太湖亦然

成化十五年秋九月二十日地震申刻震至酉時

成化十七年春夏旱秋大水

成化十八年春夏大水連月田疇成浸斗米百錢

成化二十二年黑眚見月餘始熄

成化二十三年秋大旱災河底龜拆小民告

弘治四年夏潦正月至五月淫雨不輟田禾渰沒鄉民大飢明年五月復潦

弘治十一年夏六月十一日水溢時天無風雨河水忽平湧高起二三尺雖池沼亦然

弘治十八年九月十八日夜二鼓地震

正德四年冬十一月恒寒堅凍徹於重陰風氣甚於北方

正德五年夏五月大水淫雨連月不止低鄉成浸高鄉倍收

冬十月虎入縣境本邑無山林藪澤野獸不到之地是時驀有虎在梧桐鄉見喜橋村居民驚怖縣令張紘聞之痛自責

省為文遣之即日虎不復見其來与去絶無蹤跡可覓人頗異焉

正德六年夏五月大疫死者枕籍

正德八年冬十二月初五日異霜霜凝樹枝狀如雲露其味甘美如飴

【光緒】桐鄉縣志

（清）嚴辰纂

清光緒十三年（1887）刻本

祥異

志載祥異猶史之有五行志也凡天地人物皆有祥異可紀然既爲邑志則地人物僅紀一邑之所見而不及其他惟天雖覆冒四海而合璧聯珠之祥日食星孛之異一邑亦未嘗不見但其應不在一邑則例可不紀舊志偶一書之轉有挂一漏萬之嫌不如削之爲當舊志始於宋宣和石門志始於吳黃武而烏青文獻始於晉太康想必有本特照錄之而舊志所載人事不涉祥異者皆歸別門以符體例舊志所遺者采他書以補之鄉先輩有紀災之文並采附焉以資省覽舊志稱禨祥茲

改題祥異者以字書禨訓祟亦訓祥嫌其混也志祥異

晉

武帝太康元年庚子地震以下文獻

東晉

明帝太甯元年癸未五月大水

帝奕太和六年丙寅六月大水民饑

齊

武帝永明九年辛未大水民饑

梁

武帝中大通三年秋生野穀堪食

唐

德宗貞元六年庚午春大旱井泉竭疫死者甚衆

順宗永貞元年乙酉旱

昭宗天復三年癸亥三月大雪平地三尺其氣如烟其味苦

宋

仁宗天聖元年癸亥六月大水饑隴畝產聖米

仁宗寶元元年戊寅旱無禾民饑

神宗元豐六年癸亥大水田不布種廬舍漂蕩民棄田賣牛散走乞食

哲宗紹聖元年甲戌秋海風壞田

徽宗宣和二年庚子九月戊午夜雞齊鳴次年有方臘之亂

南宋

高宗紹興二年壬子八月地震

三十二年壬午蝗害稼民饑斗米千錢

孝宗隆興元年癸未大水

孝宗乾道三年丁亥八月水壞田廬積潦至九月禾稼皆腐

孝宗淳熙十四年丁未五月旱

十五年戊申縣民張氏家麥化爲蝶仲志 張氏家貧用麥爲飯久而怨天其鄰語之曰此皆五穀也得食亦可充飢何怨爲婦方取麥晨炊悉化爲蝶自牖飛去婦遂苦心痛數日而死

寧宗開禧三年丁卯夏秋大旱穜稑絕種以下文獻

元

成宗大德六年壬寅六月民饑

文宗至順元年庚午閏七月大水壞田

二年辛未夏秋恒雨不見日

順帝至正二年壬午大水田禾渰沒大風駕太湖水洶湧而來民廬頃刻倒蕩名曰湖翻

四年甲申遍野生青稭仲志　時衛富益見之語諸子曰此地當有兵戈至丙戌春果有張思徼之亂

二十年庚子饑以下文獻

明

成祖永樂九年辛卯七月霪雨沒田

以上在桐鄉未分縣之前

英宗正統九年甲子大水堤防衝決淹沒禾稼

景帝景泰元年庚午正月大雪二旬間有黑花凝積丈許鳥雀幾盡夏瘟疫大饑

五年甲戌二月大雪四十日壓覆民居諸港冰結舟楫不通

夏大水

英宗天順元年丁丑四月麥秀兩岐 以下舊志 民以爲樂亭張令敷政寬平所致

四年庚辰五月大水傷禾

憲宗成化元年乙酉五月大水

二年丙戌七月海溢大水敗稼斛米一緡

六年庚寅正月大水無麥

十二年丙申冬恒寒水澤腹堅

十三年丁酉正月震雷大雪海溢

十五年巳亥九月二十日地震自申至酉

十七年辛丑春夏旱秋大水

十八年壬寅夏霪雨連月田疇成浸斗米百錢

二十三年丁未秋大旱河底龜坼

孝宗宏治四年辛亥自正月至五月霪雨傷禾民饑

五年壬子五月大水

十一年戊午六月十一日水溢時無風雨河水忽湧三尺池沼亦然

十八年乙丑九月十八日夜地震屋瓦皆鳴

武宗正德四年己巳大水十一月恒寒堅凍

五年庚午大水石米二兩大疫癘

六年辛未五月大疫

八年癸酉十二月初五日甘露降霜凝樹枝如垂露味如飴

九年甲戌蝗不害稼

十年乙亥六月十八日暴雨水漲丈許淹没田禾

十四年己卯大水

世宗嘉靖四年乙酉九月大雨稻成不能刈
七年戊子地震
八年己丑夏蝗秋螟
十三年甲午大水
十四年乙未大有年
十九年庚子夏蝗飛蔽天所集處蘆葦竹葉俱盡
二十三年甲辰大旱無禾斗米二百錢
二十四年乙巳大旱
二十八年己酉大水
三十二年癸丑旱

三十三年甲寅地生毛文獻註赤如馬鬣斑如蝟刺白如羊鬚或柔如虬鬚或剛如鹿角短者一二寸長者尺餘道路俱有噼室更多斷之有汁嗅之作腥是冬有倭寇之擾

三十九年庚申四月地震文獻註室廬動搖如帆河水撞激魚皆躍起

四十年辛酉春大雪三尺餘秋大水斗米百錢饑以下舊志

四十四年乙丑六月地震

神宗萬歷元年癸酉三月青鎮興德橋大火飛半里許燬烏鎮同知署

六年戊寅冬木生介

九年辛巳大水

十二年甲申正月十三日地震聲如雷

十三年乙酉秋大水敗稼

十五年丁亥大雨疾風發屋拔木田禾淹没

十六年戊子大疫死者枕藉冬大雷電

十七年己丑夏大旱疫民饑

十八年庚寅麥有秋

二十四年丙申八月自吳江至青鎮凡百里河水忽漲有聲

已而大風雨衝没禾稼

二十五年丁酉二月天雨黑水

二十九年辛丑六月寒大雪文獻註是夏飛雪成堆縣官發桶斛上司里多病人

三十年壬寅正月十四日河凍不通者三日以下舊志

三十一年癸卯三月民多患痞腹腫即死

三十二年甲辰十一月九日地震

三十三年乙巳六月大旱

三十四年丙午夏大旱傷稼

三十五年丁未歲大熟

三十六年戊申大雨霖居民陸地行舟

四十年壬子夏大疫

四十一年癸丑三月十四日大風雨雹

四十二年甲寅秋旱

四十六年戊午冬地震

四十七年己未大水

四十八年庚申夏旱石米一兩五錢饑

熹宗天啓三年癸亥十二月二十二日申時地大震生白毛

四年甲子正月十一日雨色如墨三月鄉人夜半見空中火光若甲馬馳驟有戈戟聲是年大水

五年乙丑夏秋大旱禾盡槁

六年丙寅七月朔大風拔木霪雨如注屋廬俱壞兩晝夜方息

七年丁卯夏大水

莊烈帝崇禎元年戊辰七月二十三日大風拔木海潮溢自

海寗入一夕水漲三尺河流盡鹹田涸不敢灌

四年辛未秋大水

五年壬申旱歲饑

六年癸酉六月二十五日大風發屋拔木

八年乙亥秋蝗

九年丙子大有年

十二年己卯二月某日將暮有火數萬團大者如瓜小者如卵行空中聲如暴風雨無光燄去地丈餘著物不焦過牆屋從上過自邑西南越城郭歷運河爐鎮而東北踰境不知所止。

十三年庚辰五月十三日大雨七晝夜水溢淹禾米價騰湧

十一月冬至大雷雨

十四年辛巳夏大旱蝗飛蔽天石米四兩五錢民雜草苟樹皮爲食

陳其德災荒記事 予生也晚不及見洪永開闢之盛并及見成宏熙皡之時猶記萬歷初年始成童在在豐亨人民殷阜斗米不過三四分欲以粟易物便酸鼻棄去豆麥輒委以飼牛豕而魚鮮肉之類比戶具足人以爲長享如是耳豈知人心放縱天道惡盈一轉眼而歲在戊子淫雨淋漓遠近一壑越己丑赤地千里河中無勺水鞠爲茂草者兩月當是時積米一擔博價一兩有六然米價騰貴僅以月計便覺野無青草樹無完膚而流離載道橫尸遍路矣過此而至天啓初年雖屢貴屢賤猶未至荒苦之甚也奈自魏黨播虐流毒縉紳將海內忠肝義膽之豪盡化爲桁楊肺石之鬼於是天怒於上民怨於下即新主英明果斷殲厥巨魁但一時元氣未能挽

同下多草竊內憂外患約有二十餘載至崇禎十三年大雨積旬彌月較之萬歷戊子水更深二尺許四望遍成巨浸舟楫艤於牀榻魚鰕躍於井竈有樓者以樓爲安樂窩無樓者或舁於牀屋或登於臺惟慮朝之不及夕米價初自一兩餘漸至二兩餘至水退而哭興之農父重覓苗於嘉禾一時爭爲奇貨即七月終旬猶然舟接尾而去也越明年爲崇禎十四年旱魃爲災河流盡涸米價自二兩以至三兩鄉人竟斗米四錢矣雖麥秀倍於他年終不足以餬口或齧糠粃或齧麥麩甚或以野草樹膚作骨而糟糠佐之即素封之家咸以麩就粥二餐者便稱果腹而一餐者居多夫棄其妻父棄其子各以逃生爲計耳若動用什物山積於市得用者半估揣之而去至美好玩弄之器莫有過而問者嗚呼民窮極矣不惟稱貸之門絕即典質之物亦竭而呼天天不應叫閽而閽無路故朝而宛轉呼號暮而膝行匍匐一有傾跌便如在怒濤中不能復生或餘粒何含而已僵仆矣仁人君子有不見之而泣數行下乎其有幸存殘喘勉完稼事而又飛蝗蔽野害及苗禾既而溪流復涸不惟枯槔無力即有力者其能挽天河之水以潤枯莖哉且疫痢交作十室而五六其間就木者或有之而無木可就者不過以青蠅爲弔客以蒿蒲爲瓷麥而棄之

民流者不知幾何矣彼如日用之物無不數倍於昔即雞之抱子鴨之生雞亦四五倍之以至豆之作腐非數十餘錢則八口之家不能沾唇又自豬料一貴中人之家不能豢一家所謂二母雞者早已付之鼎俎前此或白鏹一兩可得湯豬一口今則一豬首亦索價八九錢故昔之雞犬相聞者今郎闤市之中傾耳聽之罕上得一雞聲便如華亭鶴唳向來之荒不過以府計或以省計此一番不惟我浙近而南都遠而齊魯而洛下楚中至京師爲甚大約非死於兵則死於荒不死於荒則死於疫生民幾何其堪此種種也豈造物生息太繁播此一番虐燄亦生民暴殄已甚故帝心厭棄至此耶但人心苦則善心生一飽煖便生縱恣縱恣則惡心生倘能長存米珠薪桂之思則人人可興證道豈特可以謀生也哉予恐後之君子不能長自警省故一點婆心託筆相告勿視爲老生腐談幸甚幸甚崇禎十四年中元日松濤居士識

十五年壬午大疫十室九死河溢大饑人相食冬至夜疾風迅雷暴雨

陳其德災荒又記

予於十四年秋曾記災荒矣不意其時之荒猶未為極也至十四年冬租無粒吐糧則全輸小戶人口枵腹無策即素封之家上則迫於官糧下則困於家食縱有產無可售數十畝之家往往逃亡即百畝千畝之子一時窘於官亦有棄之如脫蹝者是時市上無米可貿即有米亦過而不問富者僅覓豆麥貧者或覓糟糠或覓腐渣貸得糠皮數斗便喜動顏色至十五年春青草初生遍野俱掬草之人前此猶擇草而食至此則無草不食矣鄉人成擄擕來須臾罄盡即罄蔬果未有若此之速售也故男婦行乞往往接踵即故家兒女亦不遑自惜且所得豆麥僅以粒計自朝至暮遍乞不盈掬故不數日此輩盡入餓鬼道又別換一班行乞者矣至小而三四歲五六歲者往往棄之於市東街四五一羣西街又四五一羣號呼哭泣之聲徹於通衢旁觀者徒扼腕頓足莫可誰何更有在懷抱者活投之中流唯有疾走不顧一法耳嗟乎父母愛子之心一旦變爲蛇蝎甚至有食其子者無論荒郊草市中此劍小販一二頭彼劍將死大人一二頭即府城亦或有之明知官法炳如死於杖楚之下彼亦追自惜哉此亦千古所不經見之事不幸而身遘之也四五月間疫症又大作十室而八九甚至一二十

口之家求一無病之人不可得又或一二十口之家求一生全之人不可得故始則以棺殮繼則以草殮又繼則棄之牀褥尸蟲出戶外鄰人不敢窺左足賴有好義之士糾眾捨地掘泥窖爲瘞埋計或五十一塋或六十七十一塋不三月而五六十窖俱滿何可悲可嘆至此也雖時醫者門庭如市即庸醫子亦奔走無甯晷彼謂生意之太廣吾謂死機之益横也又因病者祈祝太甚食物倍長於去年大雞二足得錢一千即小而初能鳴者亦五百六百湯豬一口動輒自五兩至六七兩即乳豬一口亦一兩五六錢至一口一兩七八錢若小斷婦女反不過錢一千二千又多見人貴而畜賤耶幸八月間始吐花米價漸平病者少癒民有起色但恨死者不能復生流亡者不能盡復耳嗟乎當此一番厄運連歲災荒一不死於饑再不死於疫便可稱無量福澤矣倘不警心刻骨思所以上報天地仰報祖宗自快因荒已過生一受用之想豈復有人心者哉予又不能忘情故復記之如此十五年八月中秋又書

十六年癸未大旱田禾盡枯

國朝

順治四年丁亥九月青鎮報本橋至濟遠橋市河水忽湧起西岸街上二尺餘場上所晒麥盡漂沒逾時乃退以下文獻

吳系烏戍祥水歌有序丁亥仲春烏戍南柵有水如蓋湧起高三丈餘逆行數十步而滅長蛇天飛真龍潛百川東歸勢未恬老魚吹波忽數丈向過屋嶺大於掌翦風不動海若逆市門駕軼如秋潮屏人欵息疑地裂溯流數步欻然滅

按吳系所咏祥水當即指丁亥湧水之異惟文獻災變門記爲九月而系序稱是仲春或有傳寫之譌至一柵二尺餘一稱三丈餘高低懸絕者想一由地上計之一由水中計之也

五年戊子四月二十七日暴風至九月大疫死者無算

六年己丑二月十九日大雷雹五月大雨水溢麥無秋

七年庚寅六月霪雨八月海水溢塘河味如鹵

八年辛卯春雨不止麥豆浸死夏大水斗米五錢魚肉鹽價

相若以下舊志

九年壬辰自五月不雨至於秋七月溪流絕井泉竭運河見

底苗盡槁秋大水

十一年甲午冬大寒水澤腹堅

十四年丁酉六月十四日雷震青鎮壽聖塔七月妖人翦紙

爲貓虎形夜出壓人爪傷面目居民竟夜鳴鑼鼓自衛逾

月乃罷文獻

十八年辛丑旱

康熙元年壬寅旱兩條據張記補

三年甲辰秋大水

張楊園桐鄉災異記

萬歷戊午冬地動次年夏大水米斗錢百六十當銀一錢六分人情大轍其秋縣尹譚公承詔發預備倉穀賑之乃定天啟甲子春正月妖人爲黑日盪日冬訛言選宮人婚嫁殆盡戊辰秋七月海潮溢自海甯入一夕水漲三尺餘河流鹹汲井池以飲夜掬水明如火川洞不敢灌海魚蝦頗遺種爲錢始賤祟顧間雖免忽多有野鹿走通河側丙子衣冠之族見殺其弟者民間有母欲再嫁殺其壻子者已卯春二月菜日將暮有火數萬大者如瓜小者如卵空行聲如暴風雨無光燄或高或下去地丈餘着物不焦過牆屋從上過自邑西南境歷城郭越運河爐鎮而東北踰境不知所止時縣尹盧公名國柱荊州人任皁林人聲四噴疑邑失火慈遣人往救行二三里與火遇選報須臾火至前後稀中密數刻而盡或云起自天蕩蕩蕩在桐鄉崇德之交綿亘二十餘里不任耕墾相傳爲央越戰揚庚辰正月十三日大雨零至十八日乃齋五月初六日雨始大勤農急種插悄者觀望種未三之一大雨連日夜十有三日平地水二三尺舟行於陸旬餘稍退田疇始復見秧盡死早插者復

生秋熟大少次年夏飛蝗蔽天斗米銀三錢豆麥踊貴倍八望屋而丐撥草木可食者雜糠粃煮啗之草根木皮幾盡又明年春道殣相望買奴婢斗米二人夫棄子母相離而不泣死人棺殮者不得至中野用器材木瓦石盈街衢人非顧盜竊文廟祭器大疫舉人妻與亣交際邑令闔人以火肉稻傚喫大饑民爲生祠入覲民憾改以祠前令盧公其秋蝗息稻熟米價差減錢益賤三千當銀一兩甲申始亂五月稍定明年春選妃江南童男女無不婚嫁者夏五月鄭兵逃歸過皁林人相殺聚衆焚巨室發墳墓同宗兄弟行刼奪搢紳主之六月貝勒入浙經皁林令率丞尉學博父老及舉貢生員獻牛酒以邑降是年皁林鎮爲墟人烟絕盜乃大起連歲勢益甚東自嘉興縣鄒會都入桐鄉東西兩八鄉無非盜窟者西自歸安縣含山界入桐鄉二十二十三兩都蔓延至二十四二十五諸都日夜刼殺焚廬舍掠子女良民奔匿城邑者僅免然催科急如業荒衣食靡給矣訛言選秀女民大駭亟配合嫠婦嫁且盡成已閏水逆溢辛卯春雨不止麥豆淹死魚肉鹽價相若米斗至五錢強者爲盜弱者流亡次年自五月不雨至於秋七月河流絕井泉竭運河底見行不沾履苗盡槁二十二日乃雨先是勤農車救及三次者苗復生憎者棄田取魚

蚌以食秋失望新米斗錢八百學宮傾圯炎年元宵縣官機民盛張燈火飲酒爲樂至二十日乃罷盜潛入刼庫藏去索盜不得延及平民其冬大凍禽獸多死旬日舟楫不行是時有舉人富於財母再適弟行乞死丙申訛言又興婚嫁不已夏秋之交耶人爲妖術人大怖家貯水火以伺執耶人妖乃絕康熙初有虎來自東入八都踞楊氏墳傷入畜數日乃去辛丑壬寅連旱稍不及壬辰米價稍賤盜稍息甲辰秋大水米益賤民財益匱海甯婦女鬻飲於先師殿次年皆生員於殿陛靈星門毀自盜起至是越二十年貧民死者猶千萬計盜賊死者不啻倍蓰若其流離失所嶽徙奔亡者何可勝算

按桐鄉之地北枕瀾溪南接長水中貫運河東溪沙消綿絡其間去震澤百里而近荷蓄洩得宜可無旱澇之患加以土沃人稠男服耕桑女尙蠶織易致富饒特以水利不講所至壅滯雨暘愆時遂足爲害近自三紀人情殘薄官長下車紳士胥隸罔念桑梓導以澆民之方遂乃弊政日滋表裏爲厲盜賊奸宄無憚肆行而善良喪氣往往邱墟矣念自我生之初家幸殷環俗號長厚登樂郊也乃壬午以前死於饑甲申而後死於盜於兵於吏舊鄉舊井其忍言哉

康熙七年戊申（府志作六年）六月十七日戊時地大震生白毛長尺餘

九年庚戌正月丙辰大風雪震電是年大水廬舍淹没民饑（以下鎮志）

十年辛亥五月至七月旱蝗異常大熯草木枯槁人多暍死

十一年壬子正月朔大雷電秋淫雨不休稻生異蟲九月桃李花草木甲坼蠶連出紗

徐震亨庚辛壬紀略 前此庚辛水旱頻仍矣壬子歲朝雞鳴時天大雷電占者以爲將水且饑三四月間豆麥倍斂於他年人喜過望插秧徧南畝雖溢而水不驟盈無大害農戒於庚辛之歉多力耔耘厚培溉以故禾頗茂咸欣欣曰歲有秋矣農書雜占云稻秀入月入蓋甚忌者雨也不意是日嘉湖諸郡傾注彌晝夜旋生

細蟲非螟非螣色黝而形恥於蝗附綴苗幹積圍如臂一宿而穉槁木且朽驅之無從驅撲之不勝撲推有溺望而坐視其蠹自初旬至月杪禾盡而蟲亦僵考之春秋魯宣公十五年書螽蝝生隨書曰饑註云螽始生曰蝝意者緣附而蔓延蓋即春秋之蝝也漢書劉歆以爲蝝蚍蜉之有翼食穀爲災黑眚也以經釋義以傳紀災而事應在正且之雷電殆其占乎先是庚戌水患起於六月之颶風而亦兆於正月之雪雷當其風霾波立雲頹雨瀉衝岸決堤摧屋拔樹而一時洶湧勢若懷襄頓成巨浸農夫村婦相顧咋愕天昏地慘人無生色至今使人心悸凡三蕩三淹老幼男女舉縣而屏救者歷六十餘晝夜不稍息質衣貸金悉委洪波自是而折屋以炊鬻子以食者不足則流離乞丐餬口於四方村落爲墟蓋數百年未有之劇災也撫君范公聞之曰嘻甚矣僞民其魚乎投袂而起洒泣登舟履畝踏勘所至懇勞芒鞋布袍署不張蓋陸不乘輿繪圖籲請減額折漕復捐俸設法糜粥以濟且徒步微行務使賑濟實沾老稚得所是以不拔富而人自樂施不拘地而鄉自爲保且借公帑以告糴而市價平俟秋實以收償而民因所設是時非公以實心行實政吾不知浙民之迫饑寒者當何如矣繼之辛亥旱高鄉皆赤土汙下低鄉差不甚

苦兩載之税兼輸一秋然盡蔵蟲恥庶幾十年生聚耳乃剜肉未平醫瘡未復忽再罹以摧心倒胃之狂疾如八月之奇災丑災在秋之將成秀之初苞猶就食而遇擯臂舉頗而遺傾覆亘足悲已加以大雨蒸鬱蠶種紙皆敗爛護之袿席旋即選蠕而出嗚呼新穀已絶其粒新絲又奪其種民亦何辜堪此鞠凶

十二年癸丑旱李樹生王瓜長一二寸以下舊志

十五年丙辰大水田禾俱沒除夕雷電交作

十六年丁巳旱李樹生王瓜

十七年戊午夏秋亢旱

十八年己未大旱無年

二十一年壬戌春恒陰麥無秋十一月堅冰

二十二年癸亥自正月至四月久雨無麥

二十九年庚午十一月大雪河道凍絶

三十年辛未六月水

三十二年癸酉二月十八日大風雹五月六月大旱田不獲

插九月大風雨河溢淹稼是年米貴民饑

三十三年甲戌夏青鎭濮鎭大疫

三十四年乙亥五月大水

三十五年丙子七月二十三日大雨傍午颶風作入夜愈猛

飛瓦拔樹民居傾覆壓傷甚夥

三十八年己卯八月霪雨傷稼

三十九年庚辰旱

四十二年癸未二月十九日大雷雨雹損菜菽七月十六日青鎮興德橋東西兩岸燬民廬百七十餘家

四十四年乙酉三月大雨雹六月三日雷雨晝晦颶風大作攝去人舟無算城中文峰塔頂亦被攝去顏家村壞民舍四十餘家壓死男婦八人

四十六年丁亥夏大旱支河汊港皆涸米穀湧貴十月四日河水暴漲

四十七年戊子二月晦日大風雷雨雹五月六日恒雨渰禾民大饑

四十八年己丑四月霪雨異蟲害春花民大疫死者枕藉

四十九年庚寅秋霪潦傷稼

五十四年乙未玉溪鎮東北禾生雙穗

五十五年丙申五月二十九日暴雨田成巨浸苗爛且盡農民買禾再植大暑後猶有播種者是年晚種大熟

五十七年庚戌正月二十一日青鎮善利橋西燬火延及東岸燬民廬百三十餘家

五十九年庚子夏旱民饑死者枕藉

六十年辛丑夏秋旱河底龜坼至八月始雨

六十一年壬寅旱疫

雍正元年癸卯夏旱河坼

二年甲辰夏旱七月十九日颶風大作海水入內河味如滷

四年丙午八月至十月恒雨大水鎮志註瀕河民廬俯可拾魚村人駕船以刈稻頭

五年丁未大有年

八年庚戌十一月二十八日戌刻地震

九年辛亥秋蟊傷稼

十年壬子春米湧貴秋蟊又傷稼九月九日大雨雹

十一年癸丑三月雨雹傷麥及桑

十三年乙卯七月二十日巳刻地震有聲如雷自西而東

乾隆三年戊午旱無菽麥九月初三日大風雨雹

九年甲子大有年

十三年戊辰五月四日雨雹六月米翔貴斗二百錢

十四年己巳夏青鎮大疫

十六年辛未夏大旱石米三千

十七年壬申四月四日卯時青鎮地震次日南柵大火自福興橋至南昌橋南延及梧桐宋堡二巷燬民廬幾三百家

冬大水

十八年癸酉夏大雨六月望塘北田多未插者

十九年甲戌八月初十日大雨竟日夜十三十四日又雨水長七尺許沒圩損稼

二十年乙亥秋盈淫雨渰禾十二月朔未刻地震屋瓦皆鳴

二十一年丙子石米二千八百民雜食榆皮甚有搶攘者四月米價至三千四百有奇閭巷有殍疫癘盛行五月旱十月十六日亥刻地震

二十二年丁丑四月疫癘盛行濮鎮爲甚五月旱十月地震

二十三年戊寅夏大水塘北沿鄉增築圩岸禁止舟行

二十七年壬午七月初七日暴雨十三日復雨竟夕不止水暴漲田禾被浸塘北尤甚

三十三年戊子夏亢旱至七月十九日始雨

三十七年壬辰八月十一日大雨如注自辰至午水長丈餘不害稼

三十九年甲午七月二十日大風雨壞室廬無算以下桐溪紀略

四十四年己亥十一月初四日治東新興街大火自聖堂街上下岸延燒至魚行匯轉西至雙節街燬市廛六十餘家

四十六年辛丑六月十八日颶風大雷雨傷烟豆棉花十二月十二日雷電

四十八年癸卯六月治西濯濤街錢氏李樹生王瓜

五十年乙巳六月旱支河汊港皆涸明年春石米五千以下舊志

五十二年丁未大有年縣治東南數里禾有一莖兩穗三穗至四五穗者穀色黃赤不一種

五十四年己酉三月城中多疫

五十八年癸丑正月至四月恒雨

五十九年甲寅七月大風雨竟夜大成殿前拔去古柏二株

嘉慶元年丙辰正月九日大風雪寒甚冰凝不解秋大有年以下伊府志

二年丁巳夏麥大熟

三年戊午大有年冬暖

四年己未秋大有年以下于府志

五年庚申春正月十六日大雪平地三尺餘

八年癸亥秋八月螟

十年乙丑三月恒雨傷麥

十三年戊辰五月大雨水

十四年己巳大有年

十七年壬申春霪雨傷麥秋有年

十九年甲戌夏大旱饑斗米五百餘錢

二十年乙亥夏麥大熟秋大有年

二十五年庚辰冬時疫流行

道光三年癸未大雨水災

十一年辛卯大雨水歉收

十二年壬辰旱

十八年戊戌大有年

十九年己亥秋九月六日地微震

二十一年辛丑十一月大雪高積丈許壓圮屋宇傷人甚多

以下許府志

二十九年己酉大水田禾淹没無存

咸豐三年癸丑三月初七夜地震後屢震不已

六年丙辰夏大旱地生白毛

八年戊午秋地震

同治三年甲子六月十二日大風拔木

九年庚午四月十三日大風毁屋

十一年壬申三月十一日大雨雹大者十七斤八月十九日

地震由西而東

十二年癸酉九月田生異蟲食稻根象黑蟻蜂腰六足蓋蝱類也

光緒二年丙子有妖人翦辮或翦衣角並訛言有妖魘人

三年丁丑五月二十三日大風秋有蝗入境